Christian Feyerabend
Garten ist Krieg

Christian Feyerabend

GARTEN IST KRIEG

Wie Sie Ihr Paradies gegen Unkraut, Schädlinge und andere Spielverderber verteidigen können

Mit 50 Schwarz-Weiß-Abbildungen
von Martina Frank

PIPER

Mehr über unsere Autoren und Bücher:
www.piper.de

Die in diesem Buch enthaltenen Angaben und Empfehlungen sind vom Autor mit größter Sorgfalt zusammengestellt und geprüft worden. Sie folgen seinen Erfahrungen und Ansichten. Eine Garantie für die Richtigkeit der Angaben kann aber nicht gegeben werden. Autor und Verlag übernehmen keinerlei Haftung für Schäden und Unfälle.
Alle Pflanzenschutzwirkstoffe, die hier angesprochen werden, sind amtlich zugelassen nach dem »Pflanzenschutzmittel-Verzeichnis, Teil 7, Haus- und Kleingartenbereich« vom Bundesamt für Verbraucherschutz und Lebensmittelsicherheit, 18. Auflage 2017. Aktualisierungen sind immer im Internet unter www.blv.bund.de einsehbar. Dort sind auch die Handelsnamen der Wirkstoffe aufgeführt. Die Zulassung von Pflanzenschutzmitteln ändert sich ständig und wird auf dieser Seite fortlaufend aktualisiert.

FSC
www.fsc.org
MIX
Papier aus verantwortungsvollen Quellen
FSC® C083411

ISBN 978-3-492-06123-0
2. Auflage 2018
Originalausgabe

Illustration: Martina Frank
Satz: psb, Berlin
Gesetzt aus der Century
Litho: Lorenz & Zeller, Inning am Ammersee
Druck und Bindung: CPI books GmbH, Leck
Printed in Germany

INHALT

DIE KRIEGS-ERKLÄRUNG

»Im Krieg stirbt die Wahrheit zuerst«, heißt es. Gilt das nicht auch im Garten? Da schwärmen Gärtner und Gärtnerinnen mit leuchtenden Augen von ihrem kleinen Paradies, da sind wunderbare Fotostrecken in Landlust-Hochglanzheften zu sehen, da gibt es Regalmeter mit Büchern über den »naturnahen« Garten. Aber der Garten ist nicht nur ein Paradies, der Garten ist auch Krieg. Ich weiß, wovon ich spreche, mit meinem 300-Quadratmeter-Kleingarten. Wie jeder Gärtner bekomme ich einen schmerzenden Rücken und Hexenschuss, zerkratze mir die Arme an Dornen und habe Blasen an den Händen. Mein Salat ist zerfressen, meine Rosen welken, meine Bäumchen wollen nicht grünen und ich werde übel gestochen. Auch das gehört zur Wahrheit im Garten.

Unkraut vergeht nicht, sagt der Volksmund. In unserem Garten gibt es gut 30 Arten von Unkräutern, Ungeziefer aller Gattungen und acht namhafte Schädlinge auf vier Beinen. Obendrein eine Armee schleimender Gastropoden, auch »Bauchfüßer« genannt. Sie ahnen vielleicht oder wissen bereits, wen ich meine: Nacktschnecken. Aber Besucher, die in unseren Garten kommen, sagen: »Das ist ja ein Paradies.« Ja, weil ich auch Krieg führe. Denn auf unseren Garten werden Kassamraketen und Streubomben abgeschossen, Luftlandetruppen gehen auf dem Rasen und in den Beeten nieder, Infanteristen kriechen über die Beete und schlagen Wurzeln, Besatzungstruppen setzen sich dauerhaft fest. Untergrundkämpfer wühlen Tunnelsysteme. Womöglich nennen Sie die feindlichen Invasoren politisch korrekt »Wildkräuter«, Blattläuse, Buchsbaumzünsler und die Große Schermaus »Wildgeziefer«? Ich nenne sie allesamt Feinde. Denn frei nach dem Militärstrategen Clausewitz ist der Krieg gegen Unkräuter, Ungeziefer und Schädlinge für mich die Fortsetzung der Gartengestaltung mit anderen Mitteln. Wenn Gartensatzungen »naturnahe« Gärten vorschreiben, dann sind solche Gärten von der Natur so weit entfernt wie der Mond von der Erde. Wer Natur will, muss den Amazonas weit hinauffahren oder findet sie in den Savannen Afrikas oder im Weltnaturerbe der Galapagosinseln im Pazifischen Ozean.

Alles will der Gärtner, nur nicht, dass die Natur in seinen Garten eindringt. Der Bauerngarten ist Ökonomie, der Barockgarten Geometrie, der englische Landschaftsgarten Wissenschaft. Und der Kleingarten? Das kommt ganz auf Sie an. Unserer hat englische Cottage-Gärten zum Vorbild. Er hat acht Zimmer, jedes ist auf eigene Art bepflanzt. Und damit dies so ist und so bleibt, muss ich Krieg führen. Gegen die Natur.

Es ist ein asymmetrischer Krieg, ein ungleicher, irregulärer. Er wird uns nicht von einem Staatspräsidenten erklärt, nicht einmal von irgendeinem War Lord. Er findet einfach so statt, auf Guerillaart oder nach Art der Terroristen. Denn ob Giersch oder Japanischer Knöterich, sie alle wollen nur eines: die totale Herrschaft – mit allen Mitteln. Und deshalb gilt: »Krieg dem Kriege« unter Einsatz von scharfer und stumpfer Gewalt, in gebückter Haltung mit der Nase über der Erde oder von oben mit Flammenwerfern und Chemiewaffen.

Ich bin Bellizist, der Krieg um des Krieges willen führt. Ich führe einen gerechten Krieg, aus purer Notwehr. Denn was soll ich machen, wenn die Zaunwinde die schönen Blütenstände meiner Hosta »Tom Schmid« wie eine Python erdrosselt, wenn Giersch nichts mehr hochkommen lässt? Oder haben Sie schon mal versucht, ein Beet mit den köstlichen Erdbeeren der Sorte »Mieze Schindler« oder »Mara des Bois« vom Kriechenden Fingerkraut zu säubern, von diesem Camouflagekraut, dessen Blätter denen der Erdbeere so ähnlich sehen? Okay, der Kriechende Hahnenfuß hat fünf Blätter anstatt drei wie die Erdbeere. Dafür aber eine 45 Zentimeter lange Pfahlwurzel, die Sie garantiert nicht bemerken. Dagegen helfen manchmal nur zugelassene Herbizide. Den Kollateralschaden an den zivilen Erdbeerpflanzen muss man dabei allerdings in Kauf nehmen.

»Aber man kann doch …?«, werden Sie jetzt vielleicht sagen. Ich glaube den Tipps in den Garten-Hochglanzheften nicht. Da können Sie kolumnen- und seitenweise lesen, wie man zum Beispiel das üble Unkraut Giersch für den Salat zupft, es als Gemüse dünstet oder zum Heilmittel gegen Gicht verarbeitet. Für mich ist das alles Propaganda. Denn Garten ist Krieg; Gärtnern heißt Krieg führen. Es ist ein gerechter Krieg zur Verteidigung unseres Gartenparadieses oder wie es in dem immer noch aktuellen Standardwerk des preußischen Militärstrategen Clausewitz (†1831) »Vom Kriege« heißt: »Der Zweck des Krieges ist das Niederwerfen des Gegners.«

Da gilt es aber auch ganz klar zu unterscheiden zwischen Freund und Feind, denn im Garten wird vieles für einen Feind gehalten, was es im Gartencenter für gutes Geld zu kaufen gibt. Und gehören bestimmte grüne Migranten (*Neophyten*) unter den Pflanzen nicht mittlerweile auch zu unserer Gartenkultur? Bleiberecht hat bei mir zum Beispiel der Persische Ehrenpreis mit seinen kleinen entzückenden Lippenblüten, den unsere Gartennachbarn sofort rausreißen. Auch der Gundermann, dieses magische Kraut der Germanen, bekommt von mir eine Greencard. Übrigens ein schöner kostenloser Bodendecker und eine Bienen- und Hummelweide. Es gibt, habe ich von den Botanikern gelernt, sogar eine Soziologie der Pflanzen, die beschreibt »Was-wächst-wo-wie-gut-zusammen«. Bestimmte Kräuter bezeichnet man gar als *hemerophil*, sie sind Kulturfolger, die dem Menschen folgen. Zu ihnen gehört die Vogelmiere. Ich dulde sogar die Parallelgesellschaft der Knoblauchsrauke. Und das Nest der Sächsischen Wespe. Es ist schließlich nur ein Garten! Und kann man sich nicht auch Feinde zu Freunden machen im Kampf gegen noch schlimmere? Man kann.

Wie dem auch sei, Gärtnerinnen und Gärtner sollten sich immer an die Maxime des chinesischen Generals und Militärstrategen Sunzi (†496 v. Chr.) halten, die da lautet: »Der vollendete Kriegsherr hütet das Gesetz der Moral und achtet streng auf Methode und Disziplin; so liegt es in seiner Macht, den Erfolg zu bestimmen.« Vor diesem Hintergrund kann botanisches und chemisches Wissen nur nützen, denn wie sagt Sunzi: »Der General – sprich der Gärtner –, der auf meinen Rat hört und nach ihm handelt, wird siegen.« In diesem Sinne: Garten ist Krieg. Hiermit sei er erklärt.

I DAS BUCH DER UNKRÄUTER

»Unkraut ist eine Frage des Standorts.« Da kann ich nicht widersprechen. Dem Gärtner können Giersch, Springkraut, Japanischer Staudenknöterich oder Kriechender Hahnenfuß außerhalb von Hecke und Zaun seines Gartenparadieses egal sein. Es sei denn, er denkt an Land- und Forstwirte, an Gartenbaubetriebe und an städtische Grünflächen. Viele Kräuter sind nicht standorttreu, sie lieben auch Gärten, das ist ihre Natur. »Ziel des Krieges«, sagt Sunzi, »ist die Niederwerfung des Feindes, um sein Land vor Invasoren zu schützen.« Auf dem Schlachtfeld mag die Strategie aufgehen, im Garten nicht. Denn der Feind kommt immer wieder. Alte Gärtnerweisheit: »Unkräuter, die Samen werfen, hat man für sieben Jahre.« Daher sollte man sich an den Rat Sunzis halten: »Vergiss nie: Wenn deine Waffen stumpf werden, wenn dein Kampfesmut gedämpft wird, deine Kraft erschöpft ist, dann ...« Dann werden Unkräuter Ihren Garten vernichten. Dies gilt es zu verhindern.

Löwenzahn
Taraxacum officinale

Als Kind habe ich Löwenzahn nicht nur als Pusteblume kennengelernt, sondern auch als Futter für meine Kaninchen. Jahrzehnte später, als ich Besitzer eines eigenen Gartens wurde, erfreute ich mich an den schönen dottergelben Blüten auf der Wiese. Bis mir mein Gartennachbar einen bösen Blick über den Zaun zuwarf: »Machen Sie das Zeugs schleunigst weg.«

Zu Unrecht werde der Löwenzahn mit Füßen getreten, lese ich in einem einschlägigen Kräuterkochbuch. Er sei ein wertvolles Nahrungsmittel, enthalte mehr Provitamin A als Karotten, zudem Vitamin B und C und 30 Mal mehr Eisen als Spinat. Dies hat sich auch bei trendigen Städtern herumgesprochen: Die jungen zarten Blätter des Kaninchenfutters liegen heute schön abgepackt im Kühlfach des Supermarkts bei den Salaten. Tatsächlich gibt es nichts an dem Korbblütler, das man nicht verwenden könnte. Die Wurzel kann man wie die der Petersilie roh essen oder wie Gemüse dünsten. Im Zweiten Weltkrieg wurde sogar Ersatzkaffee daraus geröstet. Die zarten Blätter sind schmackhafter Salat. Die Blüten kann man in Butter rösten oder Sirup aus ihnen machen. Als Gartenbesitzer müssen Sie den Löwenzahn nicht kaufen, Sie können ihn im Garten völlig kostenlos ernten. Das ganze Jahr über, selbst im Winter, und das mehrjährig. Der Dichter und Journalist Peter Huchel reimte über die Pusteblume:

»Leise segelt das Löwenzahnlicht
über dein weißes Wiesengesicht,
segelt wie eine Wimper blass
in das zottig wogende Gras.«

Ich habe da allerdings ganz andere Assoziationen. Bei Pusteblumen denke ich an Hunderte von Fallschirmjägern, die vom Himmel segeln, an den Boxweltmeister Max Schmeling und das »Unternehmen Merkur«, bei dem er gemeinsam mit zehntausend deutschen Fallschirmjägern der Wehrmacht am 20. Mai 1941 über der Mittelmeerinsel Kreta absprang. Die Alliierten mussten auf der Insel unter hohen Verlusten vor ihnen kapitulieren.

Kapitulation gibt es für mich im Garten nicht. Auch wenn der Löwenzahn nach meinen Erfahrungen einer der unangenehmsten Feinde des Gärtners ist, eines der hartnäckigsten Unkräuter überhaupt. Weil seine Fallschirmjäger in Massen landen, oft von weit her kommen und den Garten großflächig besetzen. Weil Löwenzahn trittfest ist und sich als Pionier in den Beeten breitmacht. Weil er sich gemeinerweise zwischen Weg- und Terrassensteinen festsetzt. Seine fleischigen Pfahlwurzeln bohren sich bis zu einem

Meter tief in den Boden, um immer wieder aus dem Untergrund hervorzustoßen, zu grünen, zu blühen und neue Luftlandetruppen auszuschicken.

Und so bekämpfe ich den Löwenzahn rücksichtslos und mit allen Mitteln. Mit dem 30 Zentimeter langen Bajonett des Unkrautstechers gehe ich ihm an die Wurzel. Nur die Blätter abzuschneiden bringt nichts (Pfahlwurzel!). Auf den Wegen und in den Ritzen zwischen den Steinen spritze ich ihn gezielt mit chemischen Kampfmitteln zu, die auch in die Wurzel dringen. Alles, um ja nicht erst die dottergelben Blüten entstehen zu lassen, die sich bei Sonne öffnen. Denn kaum hat man sich umgedreht, schon sind die Samen ausgereift und flugbereit. (Wer den Gartennachbarn allerdings den Krieg erklären will, wartet wie Generalmajor Meindl auf Kreta auf Winde, die den Löwenzahnsamen im Nachbarsgarten landen lässt.)

Andererseits möchte ich auf die zartbitteren Blätter für den Wildkräutersalat nicht verzichten. Eben deshalb darf bei mir auch *Taraxacum officinale* – unter strengster Beobachtung – hier und dort wachsen. Wie gesagt, Unkraut ist eine Frage des Standorts.

Kriechender Hahnenfuß

Ranunculus repens

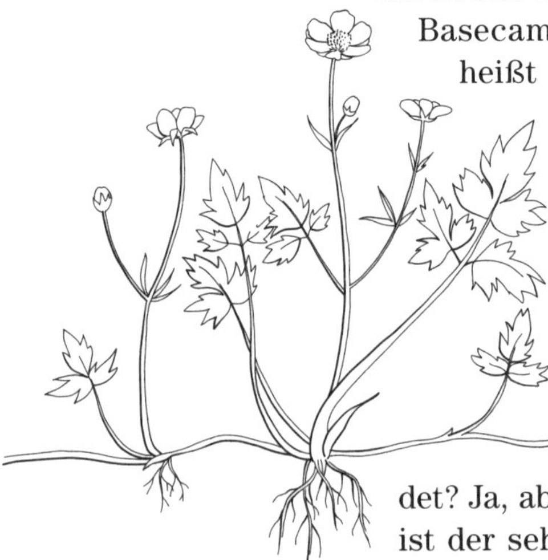

Vor den Truppen kommen die Pioniere. Wo immer eine Brücke über den Fluss gebaut, eine Schneise durch den Wald geschlagen oder ein Basecamp aufgeschlagen wird, heißt es im Krieg: Pioniere voran. Zu einer solchen Special task force gehört auch der *Ranunculus repens.* Ranunkeln – das sind doch diese Pflanzen mit den schönen Blüten, die man gern für Hochzeitssträuße verwendet? Ja, aber *Ranunculus repens* ist der sehr gemeine Kriechende Hahnenfuß.

Wo sein Samen hinfällt, sprießt er raschwüchsig, flächendeckend und mehrjährig. Die wintergrüne Pflanze mit den kleinen goldgelben Blüten sieht eigentlich ganz schön aus. Im Barockgarten von Eichstätt gehörte *Ranunculus repens* zum Bestand. Damals beschäftigte der Fürstbischof aber auch ein Heer von Gärtnern, die sich mit den bis zu einem halben Meter tiefen Wurzeln beschäftigen konnten, wenn das Kraut hinkroch, wo es nicht hinsollte. Seine Ausläufer vom Typ Erdbeere kriechen in alle Richtungen zugleich und schlagen alle 20 Zentimeter Wurzeln. Das macht das Ausgraben so mühsam und arbeitsintensiv. Haben Sie einmal ein solches Basecamp ausgehoben, können Sie sicher sein, dass Sie einen seiner versteckten und gut getarnten Vorposten unter einer anderen Pflanze übersehen haben. Und schon geht es wieder von vorn los, schnell hat der Hahnenfuß ein neues Stück Land erobert. Da können Sie mit dem Ausgraben kaum nachkommen. Denn blüht er erst einmal, braucht er nicht mal die Unterstützung von Drohnen, den fliegenden Bestäuberverbänden aller Arten. Regen tut's auch: Er füllt die schüsselartigen Blüten und schwemmt die Pollen auf die Nabe, sodass sich Nüsschen mit Samen bilden. Der Hahnenfuß ist ein *Wind- und Tierstreuer*, seine Samen verbreitet der Wind oder Ameisen tragen sie fort.

Egal ob über Samen oder Ausläufer, in nur einem Monat hat sich wieder eine kriechende Ranunkel tief in der Erde verwurzelt. Deshalb: Gärtner bück dich – Krieg dem Kriechenden Hahnenfuß! Es sei denn, Sie sind Fürstbischof.

Scharbockskraut
Ranunculus ficaria

Wir alle freuen uns, wenn das erste Grün aus dem winterlichen Boden sprießt. Dazu gehört das Scharbockskraut, auch Skorbutkraut genannt. Es sieht so schön aus mit seinen kleinen, gelb lackierten Blüten. Im Juni zieht es sich dann wie die Schneeglöckchen und der Bärlauch in den Boden zurück. Denn es ist ein *Geophypt*, wie die Zwiebeln hat es Überdauerungsknollen voller Stärke in der Erde.

»Als Salatbeigabe gehört es zu meinen allerliebsten Wildkräutern«, lese ich in einem Kochbuch. »Das Aroma aus Karottensalat und Scharbockskraut macht regelrecht ›süchtig‹. Und ich kann, während ich diese Zeilen schreibe, kaum erwarten, bis wieder Scharbockskraut-Saison ist.« So geht es auch mir. Jedes Jahr rüste ich mich schon Ende Januar mit allen Waffen meines Kriegsarsenals für den Feldzug gegen *Ranunculus ficaria* – und kenne leider das Ergebnis. So schön das Scharbockskraut in Laubmischwäldern und Parks ist, in meinem Garten ist es eine Pest. Eine grüne Krautschicht überdeckt die Beete, setzt sich in den Stauden fest und wuchert entlang der Buchseinfassungen. Im Mai beginnt es zu welken. Es hat sich dann nicht nur versamt, in den Achseln der Blätter haben sich auch getreidekorngroße Brutknöllchen (*Bulbillen*) gebildet. Ameisen tragen sie überallhin und auch der Gärtner selbst verbreitet sie unweigerlich. Im nächsten Frühjahr, kaum dass der Schnee weg und der Boden aufgetaut ist, sind dann die nächsten Stellen im Garten und ganze Beete scharbockskrautgrün, auch im Rasen.

Und jetzt kommen Sie wieder, die Blätter enthielten doch das lebenswichtige Vitamin C in hoher Dosis. Stimmt. Wenn Sie als Seefahrer auf einem Windjammer um Kap Hoorn segeln und von Skorbut und Zahnausfall infolge Vitaminmangels bedroht sind, dann brauchen Sie das Skorbutkraut. Ich aber bin Gärtner, ich will die grüne Pest in unserem Garten nicht.

Um das Kraut zu stoppen, habe ich früher im Winter fünf Zentimeter groben Mulch auf die Beete geschüttet. Vergeblich. Im Frühjahr darauf schoben sich die Keimblätter durch, die hohlen Stängel krochen über den Boden, und das Scharbockskraut richtete sich zu stolzen 20 Zentimetern auf. Erst ab 30 bis 40 Zentimeter Erdschicht, so habe ich im Kompost getestet, geilen sich die Triebe zu Tode. Also habe ich im zweiten Jahr den Jäter nachgeschliffen und alle zwei Wochen gejätet, das hässliche Krautzeug zusammengerecht und ordnungsgemäß entsorgt. Aber auch das nützte nichts. Denn unterirdisch entwickelt das Scharbockskraut feigwarzenähnliche Wurzelknollen, bis zu zwei Zentimeter lange Stärkebomben, die es immer wieder austreiben lassen, und über *Erdsprosse* (*Rhizome*) treibt es in alle Richtungen. Kurzum, die Krautschicht ist unausrottbar. Also habe ich mich notgedrungen erst einmal an den sternförmigen, sattgelb glänzenden Blüten erfreut. Sind die überhaupt echt? Sie sehen aus wie mit Lack bepinselte Plastikblumen, aber sie enthalten sogar Honig. Öffnungszeiten des Honigladens von 9 bis 17 Uhr. Nach dem Öffnen und Schließen der Blüten können Sie die Uhr stellen, unabhängig davon, ob die Sonne scheint oder nicht. Aber erzählen Sie mir jetzt bloß nichts von Bienenweide. Das Scharbockskraut gehört in meinem Garten zu den »Fleurs du Mal«, den »Blumen des Bösen«.

Eine friedliche Koexistenz ist ausgeschlossen. Kapitulieren? Niemals. Eskalation war angesagt! Nachdem ich drei Jahre vergeblich mit konventionellen Mitteln gekämpft hatte, ging ich schließlich zum chirurgischen Einsatz von Chemiewaffen über: *Glyphosat* mit dem Handelsnamen Roundup (siehe Exkurs Herbizide). Das *Herbizid* (lat. Krauttöter), das über die Blätter bis in die Wurzel zieht und die Pflanze sterben lässt, war eine Allzweckwaffe im Kampf gegen Unkräuter. Früher war es für Haus- und Kleingärten zugelassen, dann geriet es durch den extensiven und bedenkenlosen Einsatz in der Landwirtschaft in Verruf. Mittlerweile gilt es als »Gift für Mensch und Umwelt«. Naturschutzverbände, Greenpeace und viele andere Organisationen fordern seit Längerem, dass es generell verboten wird. Die zuständige Kommission der Europäischen Union hat die Zulassung bis 2022 verlängert. Ich versuche es jetzt mit verzweifeltem, aber wohl nutzlosem Jäten, Jäten, Jäten. Oder ich grabe hier und da die Knöllchen aus dem Boden. Aber ich werde *Ranunculus ficaria* wohl nie unter meine Kontrolle bringen.

Übrigens, ihr Wildkräutersalatfreunde, das sollte ich vielleicht noch erwähnen: Wenn euch vom Scharbockskraut-Salat übel wird, wenn ihr erbrecht und Durchfall bekommt, dann hat sich in den Blättern bereits giftiges *Alkaloid* gesammelt. Im April, vor der Blüte, solltet ihr daher euren Vitamin-C-Bedarf besser im Obst- und Gemüseladen decken. Manche haben rund um die Uhr geöffnet.

Kriechendes Fingerkraut
Potentilla reptans

Auch wenn Sie nicht wissen, was Camouflage ist, Hosen, T-Shirts und Jacken mit diesen Flecktarnmustern kennen Sie aus jeder Fußgängerzone. Je nach Kriegsgebiet gibt es sie in Wald-, Wüsten- oder Schneeoptik. Selbst in die Haute Couture hat es die Camouflage geschafft.

Das Kriegsgebiet von *Potentilla reptans* ist unser Garten, dort hat sich das Kriechende Fingerkraut ins Erdbeerbeet mit so köstlichen Aromabomben wie

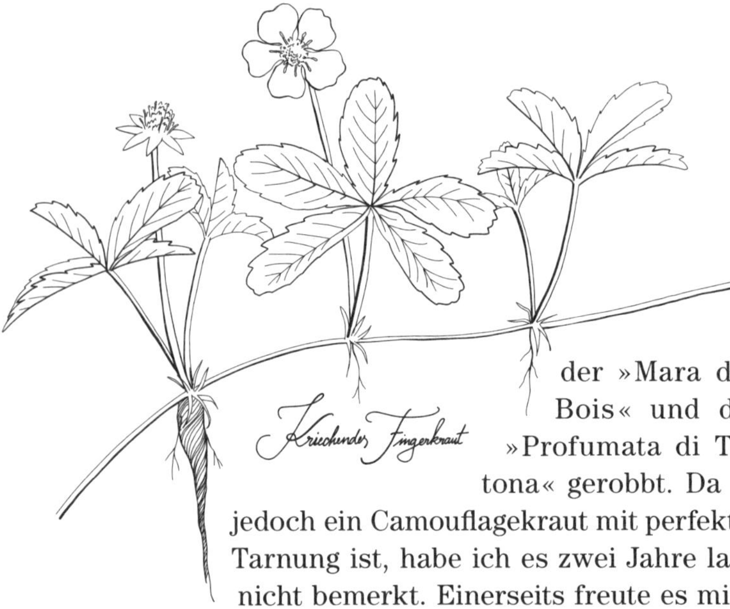

der »Mara des Bois« und der »Profumata di Tortona« gerobbt. Da es jedoch ein Camouflagekraut mit perfekter Tarnung ist, habe ich es zwei Jahre lang nicht bemerkt. Einerseits freute es mich, dass das Erdbeerbeet mit seinen Ausläufern immer größer wurde, andererseits ärgerte ich mich, dass die Pflanzen keine Erdbeeren trugen. Bis ich einmal die Finger an den Blättern zählte: Erdbeeren haben drei Finger, das Fingerkraut aber fünf. Also lautete das Kommando: Gärtner auf die Knie, dem Feind nachgekrochen und im Nahkampf das Kriechende Fingerkraut Pflanze für Pflanze ausgerupft, dann den bis zu einen Meter langen Ausläufern nach bis zum nächsten Fingerkraut. Aber schön Freund und Feind unterscheiden, denn Erdbeeren und Fingerkraut sind sich, wie gesagt, täuschend ähnlich. Nach einer Stunde hatte ich von sechs Quadratmetern einen gesäubert. Hat ja auch was für sich, man sieht den Erfolg umgehend, und er wird Früchte tragen.

Nach zwei Tagen Arbeit in guter Luft war das Walderdbeerbeet unter dem Pflaumenbaum schön clean. Aber bei der nächsten Suche nach den kleinen roten Köstlichkeiten war das Kriechende Fingerkraut wieder da. Denn blüht *Potentilla* erst einmal, trägt jede Blüte bis zu 240 Samen beziehungsweise Nüsschen. Ameisen lieben sie und tragen sie weg. In den einschlägigen Handbüchern heißt es, das Kriegsgebiet von *Potentilla reptans* seien *Ruderalfluren*, also Brachland, gerne auch Bahnschotter. Die Verwendung von pflegeleichtem Schotter ist ja im Garten in Mode gekommen. Was manche für Zen-Buddhismus halten, empfinde ich als öde, um nicht zu sagen als Verbrechen. Und wenn sich darauf das mehrjährige Fingerkraut breitmachen würde, wäre das für mich eine optisch wünschenswerte Okkupation.

Bei mir im Garten liegt zwar nichts brach. Ein Kriegsgebiet ist er aber trotzdem, denn das Fingerkraut beherrscht nicht nur die oberirdische Camouflage, es bohrt sich auch im Untergrund mit Pfahlwurzeln fest. Diese reichen zwei Handspannen in die Tiefe und sind selbst mit dem 30 Zentimeter langen Wurzelstecher schwer herauszubekommen. In der Not greife ich auch schon mal zu amtlich zugelassenen *Herbiziden*. Woche für Woche fliegt nun mein Auge drohnenmäßig Kontrolle durch den Garten und zählt die Finger an den Blättern, um das Kriechende Fingerkraut auszustechen, das sich überall breitmacht.

Garten ist nun einmal Liebe und Krieg zugleich. Und in der Liebe wie im Krieg, sagt das Sprichwort, sind alle Mittel erlaubt. Fast alle.

Exkurs: Herbizide – Unkrautvernichtungsmittel

Als ich unseren Garten übernahm, fand ich im Schuppen noch eine Dose UnkrautEx vom Vorgänger, so der Handelsname. Es ist ein heute verbotenes *Totalherbizid* auf der Basis von *Natriumchlorat*, das bedenkenlos auf Bahndämmen, Wegen und im Garten angewandt wurde. Mit Zucker vermischt hätte ich leicht eine Bombe daraus bauen können. *Herbizide* sind umstrittene Kampfmittel. Je nachdem, was die Industrie aus ihrem großen Chemiebaukasten zusammenmixt, kommen *selektive Herbizide* heraus, die auf unterschiedliche Weise nur gegen bestimmte Unkräuter wirken, oder *Totalherbizide*, die unterschiedslos alle Pflanzen absterben lassen. Es versteht sich von selbst, dass die Produktion und der Einsatz von Herbiziden zu Recht ein politischer Kriegsschauplatz ist, denn es geht um die Umwelt und die Gesundheit von Mensch und Tier.

Ein probater Kampfstoff in den Händen des sorgsamen Kleingärtners war *Glyphosat*, unter dem Handelsnamen *Roundup* bekannt. Es ist eine Erfindung des US-Agrarkonzerns Monsanto, der mittlerweile Weltmarktführer bei genverändertem Saatgut ist. Glyphosat ist in der Landwirtschaft, zumal der industriellen, eine Allzweckwaffe. Es galt lange als unbedenklich für Mensch und Umwelt. Statt das Unkraut vor der Aussaat arbeitsintensiv unterzupflügen, spritzt der Bauer es einfach weg. Das Gift wurde hierzulande sogar staatlich gefördert, weil es die Bodenerosion durchs Pflügen verringert. Damit jedoch das Saatgut von Mais, Soja, Raps, Rüben oder Baumwolle vom Glyphosat nicht in Mitleidenschaft gezogen wird, muss es gentechnisch verändert werden – was wiederum überwiegend durch die Firma Monsanto erfolgt. Die Felder können dann jederzeit bespritzt werden, es stirbt aber nur das nachwachsende Unkraut ab. Das erhöht die Erträge und ersetzt zum Beispiel bei Rüben das äußerst arbeitsintensive Jäten. Eine weitere praktische Wirkung: Wird Glyphosat kurz vor der Ernte gespritzt (*Sikkation*), reift die Ernte zeitgleich und kann in einem Zug geerntet werden.

Glyphosat, diese komplexe Chemikalie, ist ein globales Riesengeschäft. So unbedenklich, wie es immer noch von den Herstellern und der Agrarlobby propagiert wird, ist es definitiv nicht. Es kann Mensch, Tier und Umwelt nachhaltig schädigen, besonders wenn es unsachgemäß angewendet wird. Und es haben sich mittlerweile Superunkräuter herausgebildet, die ebenfalls resistent gegen Unkrautvernichtungsmittel sind. Deshalb ist Glyphosat für viele Gegner schlicht ein Teufelszeug, die Zulassungsfrage ist zu einem Kriegsschauplatz geworden.

Im November 2017 hat die zuständige Kommission der EU die weitere Zulassung von Glyphosat bis Ende 2022 dekretiert. Da das Totalherbizit eine so hohe symbolische Bedeutung hat, wird der Stellvertreterkrieg zwischen den Befürwortern aus Agrarindustrie und Agrochemie und ihren Gegnern weitergehen. Unabhängig von der EU wurde es bereits in einzelnen Ländern wie Frankreich und Italien verboten.

Der angebrachte und verantwortungsvolle Einsatz durch den Kleingärtner gegen üble Unkräuter, die anders nur äußerst schwer zu bekämpfen sind, ist zwar ökologisch nicht korrekt, aber meiner Einschätzung nach auch kein Kriegsverbrechen. Ebenso wenig wie der Gebrauch anderer Herbizide, die vom Bundesamt für Verbraucherschutz und Lebensmittelsicherheit (BVL) für den Gärtner zugelassen sind. Sie enthalten als Wirkstoffe u. a. *Dicamba, MCPA* oder *Clopyralid*, sind aber weniger gut erforscht als Glyphosat – das summa summarum auch als weniger schädlich gilt als andere Herbizide.

Es gibt auch ein Bio-Herbizid auf dem Markt, das *Pelargonsäure* enthält. Aus welcher Pflanze es gewonnen wird, sagt schon der Name: aus *Pelargonium roseum*, dem Storchenschnabel.

Wie auch immer Sie sich entscheiden beim Einsatz von Herbiziden – es ist von zentraler Bedeutung, sich genau zu informieren, welches Mittel gegen welches Unkraut wirkt und wie es korrekt einzusetzen ist. Sonst hilft nur in die Hände spucken.

Breitwegerich
Plantago major

In der Sprache der Indianer Nordamerikas heißt der Breitwegerich »Fußstapfen des weißen Mannes«. Sein Samen ist klebrig und bleibt an Mensch und Tier haften. Die ersten Siedler schleppten ihn aus Mitteleuropa ein. Als die europäischen Invasoren gegen Westen zogen, hinterließen sie das Kraut auf all ihren Wegen. Der Wind tat ein Übriges.

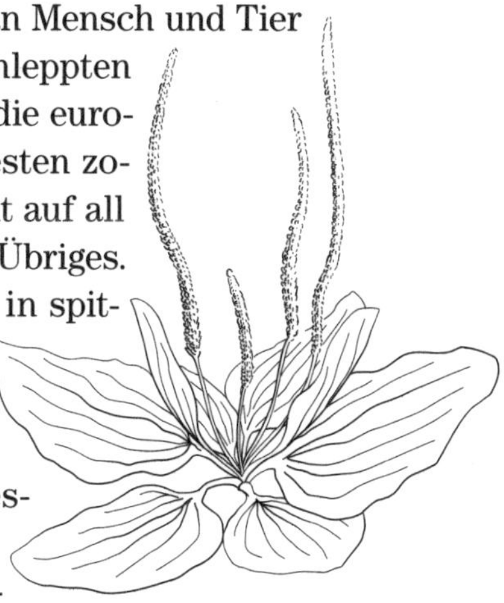

Wegerichgewächse gibt es in spitzer, mittelbreiter und breiter Form. In Albrecht Dürers weltbekanntem Aquarell »Rasenstück« ist die prominenteste Pflanze ein Breitwegerich. Er ist eine trittfeste Pionierpflanze, die Salz ertragen kann. Sie liebt Wege, Plätze und Pflasterfugen, vor allem aber Rasen, und ist ein beliebtes Vogel- und Viehfutter, so steht es bei den Pflanzensoziologen. Wegerich im Rasen ist aber ein Kapitel für sich. Natürlich auch in jedem Wildkräuterbuch. Der Breitwegerich wird insbesondere als »Rohkostsnack mit Frischkäse« empfohlen. Die Blütendolden seien zart und von »champignonartigem Geschmack«. Und sehr hilfreich für den Gärtner: Die Blätter stillen blutende Wunden.

Zu jedem Garten gehören Gräser. Aber in welcher Form? Als Rasen oder Wiese? »Unter den Apfelbäumen lassen wir das Gras ungehindert wachsen. ... Ich mähe es nicht vor dem 24. Juni, aber so bald wie möglich danach«, schreibt der britische Gartenguru Monty Don in seiner Bibel »Genial gärtnern – Biologisch und naturnah«. Ebenso habe auch ich es in meinem Garten gehalten. Sah toll aus, so eine Wiese, noch besser, wenn auch Wiesenblumen darin blühen. Ich weiß nicht, wie viele Samentütchen mit Wiesenblumen ich ausgestreut habe. Aber es wollte nichts blühen. Nur der Breitwegerich. Dekorativ ist dieser allerdings nur im Düreraquarell. Am 24. Juni schärfte ich wie Monty Don die Sense: »Ich liebe die Sense. Das Gras fällt zur Seite, während der Stiel im Halbkreis um den Körper pendelt und die Klinge über den Boden streicht«, schreibt er. Doch haben Sie schon mal eine Sense geschwungen, ich meine eine richtige, nicht eine Motorsense aus dem Gartencenter? Mein Rat: Versuchen Sie es erst gar nicht, es sei denn, Sie machen Ferien auf der Alm.

Also Rasen. Unser Gartennachbar Heinrich ist ein begnadeter Greenkeeper. Was hat er für einen perfekten Rasenteppich unter seinen Bäumen und um das Rosenrondell herum! Sieht aus wie ein Gemälde von Max Liebermann. Meine Frau will auch so einen englischen Rasen unter dem Apfelbaum, wo sie im Liegestuhl Gartenbücher lesen kann. Mit viel Mühe machte ich also aus der Wiese einen Rasen. Habe vertikutiert, gesandet, nachgesät, gedüngt und regelmäßig geschnitten. Natürlich mit einem Handrasenmäher, dieser genialen Erfindung. Für meine 20 Quadratmeter Rasen brauchte ich mit Zusammenrechen des Schnitts 45 Minuten. Bis sich *Plantago major* breitmachte.

Ich will Sie nicht mit dem Arsenal an Waffen gegen den Rasenfeind Nummer 1 langweilen, das ich im Nahkampf ausprobiert habe. Für mich war die Kernfrage: Wie kann ich den Tiefwurzler bezwingen, der sich im Gras festsetzt und ganze Kolonien bildet? Es gibt zwei Taktiken, ihn aus dem Rasen zu entfernen, entnehme ich meinem Lieblingsgartenbuch »Die Tage des Gärtners« von Jakob Augstein. Bei der einen nimmt man sich die »Marineflieger« der Luftrettung zum Vorbild. Diese suchen den Ozean nach Schiffbrüchigen ab, indem sie von einem Startpunkt aus in konzentrischen Kreisen vorgehen. Augstein empfiehlt, auf diese Weise auch den Breitwegerich im Rasen ausfindig zu machen und dann auszustechen. Ich folgte lieber der Methode »Marinetaucher«, deren Flossenschlagsystem Augstein so übersetzt: »Eine Knielänge nach vorne kriechen, graben, rechts abbiegen, eine Knielänge nach vorne kriechen, graben, rechts abbiegen.« Und so weiter und so fort, dann aber: »Denken Sie daran, an der Grenze Ihres Gartens mit dem Graben aufzuhören …«

So weit kam es bei mir nicht. Nach der Methode »Marinetaucher« hatte ich in einer Stunde gerade einmal zwei Quadratmeter vom Breitwegerich befreit. Macht bei unseren 20 Quadratmeter Rasen zehn Stunden. Was könnte man in dieser Zeit nicht alles machen? Ein gutes Buch lesen, in der Hängematte dösen, Kindern beibringen, was Unkräuter sind, und ihnen Wundertüten oder Pustefix schenken, wenn sie einen Eimer Unkraut gefüllt haben.

Aber wie bekommt Greenkeeper Heinrich von nebenan seinen Rasenteppich hin? Jede Woche schneidet er ihn, und alle paar Wochen zieht er mit dem Streuwagen Bahnen übers Grün und verteilt Düngerperlen. Das gelingt ihm nie ganz lückenlos. Mal streut er hier mehr, dort weniger, mal vergisst er eine Ecke. Dem Breitwegerich sei das ohnehin egal, klagt er, der schieße auch ohne Dünger ins Kraut.

Die Antwort finde ich bei Sunzi: »Die Gelegenheit den Feind zu schlagen, gibt uns der Feind selbst.« Dies gilt auch für Unkräuter. Gräser sind einkeimblättrig, Unkräuter meist zweikeimblättrig. Die Chemiker haben einen Kampfstoffcocktail aus *MCPA (2-Methyl-4-chlorphenoxyessigsäure)*, *Fluroxypyr*, *Clopyralid* und diversen Salzen entwickelt. Den *einkeimblättrigen* Gräsern macht dieser Mix nichts aus, aber die *zweikeimblättrigen* Unkräuter gehen dabei zugrunde: Breitwegerich, Gänseblümchen, Löwenzahn und anderes Kraut, das auf unserem perfekten Rasen nichts zu suchen hat. Bildet sich wieder ein Widerstandsnest, wird es gezielt weggespritzt. Und da wir schon mal dabei sind: Geben Sie gleich wasserlöslichen Stickstoff als Dünger zum Cocktail. Dies ist ein Tipp aus dem Forum des Greenkeeper Verbandes Deutschland e. V., der Golf- und Fußballrasenpfleger. Und die müssen es wissen.

Mein Nachbar sah das Ergebnis und war begeistert, er verwendet das Wundermittel jetzt auch. Und zum Dank für den Hinweis mäht er meinen Rasen nun immer mit, mit dem Motorrasenmäher und Grasfangkorb. Das dauert keine zehn Minuten. »Angriff ist die beste Verteidigung«, rät Clausewitz in seinem Buch »Vom Kriege«. Er rät auch, dass man stets bessere Waffen als der Feind einsetzen sollte. Von Clausewitz lernen heißt siegen lernen, zumindest gegen Rasenunkräuter.

Gänseblümchen

Bellis perennis L.

»Die ausdauernde Schöne«, nannte Carl von Linné das Gänseblümchen 1753 in seinem Bestimmungsbuch »Species Plantarum«. Da er es als Erster botanisch beschrieb, steht ein L. hinter dem lateinischen Namen der Pflanze für Linné. In Goethes Faust dienen Gretchen die Blütenblätter des Gänseblümchens als Orakel: »Er liebt mich, er liebt mich nicht.« Und Ernst Moritz Arndt dichtete:

»O, Tausendschön oh'n Ende.
Sie winden es in jeden Kranz.
Sie treten drauf bei jedem Tanz.
Das süße Tausendschönchen.«

Heute mischen die Köche in Gourmetrestaurants die zarten Blätter in Salate und Suppen und dekorieren sie mit den essbaren Blüten. Das Gänseblümchen gilt als Heilpflanze, ja sogar als Zaubergewächs. An Folgendes sollten wir uns halten: Isst man die ersten drei Blüten im Frühjahr, bleibt man von Zahn- und Augenschmerzen sowie von Fieber verschont. Eine andere Empfehlung lautet, die Blüten am Johannistag zwischen 12 und 13 Uhr zu pflücken, sie zu trocknen und immer bei sich zu tragen – dann gelinge einem alles.

So weit, so gut. Der Teufel steckt hier in der Botanik. Aus den Rosetten von *Bellis perennis* sprießen mehrere blattlose Stängel mit den Blüten, innen gelbe Röhrenblüten, außen die weißen Orakel-Zungenblüten mit zartrosa Rändern. Das Gänseblümchen ist eine *heliotrope* Pflanze, richtet sich also immer nach der Sonne aus. Bei Regen schließt sich die Blüte und das Gänseblümchen lässt das Köpfchen hängen. Es blüht von März bis November und sogar noch im Winter. Man findet es auf Wiesen und Rasenflächen in Parks. Laut Pflanzensoziologen befindet sich sein »Verbreitungsschwerpunkt in kurzrasigen Grasgesellschaften«. Dort bildet es mit Breitwegerich, Löwenzahn und Klee eine üble Unkrautgesellschaft. Es ist trittfest und liebt nährstoffreiche Böden – mithin also jeden gepflegten Rasen. Und da es flach getreten wird, duckt es sich einfach unter den Messern des Rasenmähers weg.

Wäre nur hier und dort ein Gänseblümchen im Rasen – wunderbar. Nur neigen diese Pflanzen zur

Crowdbildung, sie wachsen unverträglich mit ihrer pflanzlichen Umwelt zwischen den Gräsern des Rasens, verdrängen diese, bilden Horste und sind dann schwer zu bekämpfen. Die Briten mit ihrem Faible für englischen Rasen haben diverse Waffensysteme gegen das Gänseblümchen entwickelt: die Daisy Cutter. Diesen Namen haben Sie vielleicht schon einmal in einem anderen Zusammenhang gehört. Die stärkste konventionelle Fliegerbombe der Welt – BLU-82B – wurde im Vietnam- und im Golfkrieg eingesetzt, genannt »Daisy Cutter«. Wo sie niederging, blieb in weitem Umkreis nichts mehr stehen.

Ich habe diverse Wurzelausstecher, sogenannte Daisy Cutter, im Einsatz. Wichtig ist, dass man wie beim Breitwegerich und Löwenzahn die Wurzel tiefgehend mit herausreißt, sonst treibt sie gleich wieder aus. Ich empfehle einen Unkrautstecher, mit dem man die Tiefwurzler nicht nur gut im Stehen aus dem Boden herausziehen, sondern sie mit einem Auswerfer auch gleich in den Eimer befördern kann.

Das Gänseblümchen neigt dazu, wie schon erwähnt, alle erwünschten Rasensorten zu verdrängen und selbst zu Rasen zu werden. Denn es verfügt über ein großes Repertoire an Möglichkeiten, sich zu verbreiten: *vegetativ* über Ausläufer oder *generativ* über Samen. Da hilft nur konventionelle Kriegsführung gegen diese »ausdauernde Schöne«. Und ihre Begleiter wie Breitwegerich, Löwenzahn und Klee werden am besten gleich mitbehandelt. Wenn's mir zu viel wird, greife ich sogar zu *Pelargonsäure*, wenn Sie erlauben.

Exkurs: »Ein jegliches nach seiner Art« – Die Samenausbreitung

Unser Garten ist leider nicht Nordkorea, wo nichts reinkommt, was Kim nicht will. Zumindest was das Unkraut betrifft, hätte das im Garten manchmal etwas für sich. Aber der Schöpfer hat es anders gewollt: »Und Gott sprach: Es lasse die Erde aufgehen Gras und Kraut, das sich besame ... Und es geschah also. Und die Erde ließ aufgehen Gras und Kraut, das sich besamte, ein jegliches nach seiner Art ... Und Gott sah, dass es gut war. Da ward aus Abend und Morgen der dritte Tag.« So zu lesen in der Schöpfungsgeschichte im Buch Mose 1, 11–13. Die hat ja durchaus ihre guten Seiten, obwohl sie, bei Licht besehen, auch ein Drama ist.

Stellen Sie sich mal vor, Sie seien ein Apfelkern. Was wollen Sie? Wovon träumen Sie? Sie wollen auf einer schönen Streuobstwiese keimen, Wurzeln schlagen, Sie wollen ein prächtiger Baum werden, im Frühjahr blühen, von Bienen und Hummeln umschwärmt werden und Kinder und Enkel haben. Sie haben Glück, Sie sind im Supermarkt, also Sie als Apfelkern, in einer Kiste mit schönen Äpfeln und Ihr Apfel hat die allerschönsten roten Bäckchen und obendrein ein Bio-Label. Sie haben noch mehr Glück. Eine schöne junge Frau prüft kritisch die Äpfel, nimmt Sie, legt Sie aber gleich wieder zurück und greift nach einem Apfel neben Ihnen. Doch der hat eine faule Stelle. Die Schöne wählt dann doch Sie. »Super. Cut«, würde Steven Spielberg sagen und: »Nächste Einstellung.«

Die junge Frau, nennen wir sie Eva, sitzt mit einem Brad-Pitt-Typen im Auto, beißt herzhaft in den Apfel, gibt auch dem Beau zu beißen, und man weiß: Da tut sich was. Der letzte Biss gehört ihr, es ist aber – bäh – das bittere Kerngehäuse. Sie lässt das Seitenfenster runter und spuckt Sie in hohem Bogen aus. Aus der Traum von schöner Wiese, Bienen, Hummeln und Kindern. Sie landen auf dem harten Beton des Autobahnseitenstreifens, bedroht von rasenden Reifen. Der Zuschauer bangt und leidet mit Ihnen.

Da naht Rettung. Eine Ameise kommt, ergreift Sie, um Sie auf die Wiese zu tragen. Die Hoffnung stirbt ja bekanntlich zuletzt. Doch dann Blitz und Donner und der erste fette Regentopfen trifft die Ameise. Sie gehen verloren; der Regen schwemmt Sie fort und fort und fort in einen Autobahngully. Es wird finster, Sie rasen durch das Abflussrohr, wohin nur, wohin? Ist das Ihr Ende als Apfelkern?

Mit einem Schwall landen Sie in einer Wiese. Das lässt Sie nun wirklich hoffen. Die Sonne scheint wieder, die Vögel zwitschern, es ist zum Keimen warm. Alles gut, wäre da nicht eine Amsel, die Sie schwuppdiwupp aufpickt. Schon verschwinden Sie in einem dunklen Vogelschlund und lassen alle Hoffnung fahren.

Aber so schön ist es an einer Autobahn für eine Amsel auch wieder nicht, sie fliegt los und lässt einen Klecks zur Erde fallen. Glück für Sie und Happy End: Sie landen in einer Streuobstwiese bei einem Biobauern, schlagen Wurzeln, die Hummeln und Bienen kommen. Und der Apfel fällt nicht weit vom Stamm. Cut.

Was erzähle ich Ihnen da für einen Film? Ich berichte von *Hemerochorie*, von *Zoochorie*, von *Hydrochorie*, auf Deutsch: von der Ausbreitung der Samen durch den Menschen (*Hemerochorie*), durch Tiere (*Zoochorie*), durch Wasser (*Hydrochorie*) und durch Verdauung (*Endochorie*). Und noch viele andere Arten hat sich Gott am zweiten Tag der Schöpfung einfallen lassen. Um nur ein paar wenige zu nennen: Er überlegte sich die Windausbreitung (*Anemochorie*), die wir vom Löwenzahn her kennen, und die Klebeausbreitung (*Epichorie*) wie beim Breitwegerich. Sind zum Beispiel Grassamen mit Unkrautsamen verunreinigt und säen Sie Ihren Rasenfeind also gleich mit ein, nennt der Biologe das *Ethelochorie*. Und die Saftdruckstreuung (*Ballochorie*) nicht zu vergessen, die wir Gärtner vom Springkraut her kennen. Zur *Epichorie* gehört auch die Ausbreitung durch Kletthafter, mit ihr kommen Unkräuter wie das Labkraut oder die Gemeine Ackerdistel nicht nur in meinen Garten, sondern selbst in Nordkorea hinein.

Chorie-dies, Chorie-das, genial, oder? Da mag selbst ich Agnostiker an Gott glauben. Er hatte aber auch alle Zeit des Universums, sich das alles auszudenken.

Giersch

Aegopodium podagraria

Ein Nachbar hat ihn im Garten, den Gichtheilenden Ziegenfuß, besser bekannt als Giersch. Jahr für Jahr sehe ich, wie er ihn immer wieder ausgräbt und dann den Boden dick mulcht. Was er nicht weiß: Ein Stückchen der Wurzel übersehen – und schon treibt *Aegopodium podagraria* wieder aus. Ohnehin wird sich das unterirdische Wurzelgeflecht durch die Hecke wieder in seinen Garten vorarbeiten. Und versäen tut sich Giersch obendrein. Gegen Giersch, der in großen Kolonien wächst, hilft nichts, ist immer wieder zu hören und zu lesen.

Doch, sagen die Gartenpazifisten. Sie raten allen Ernstes: abernten und als Salat oder Gemüse verarbeiten. Das halte ihn klein. Sicher, der Giersch gilt als Wildgemüse. »Die Blätter riechen appetitlich nach Petersilie« und schmecken »nach Möhre mit Petersilie«. Es empfiehlt sich aber für den Küchengebrauch auf kantige, im Querschnitt dreieckige Stängel zu achten, denn es gibt sehr ähnliche Kräuter, die giftig sind, etwa die Hundspetersilie. Oder den Schierling, ein probates Mittel, um vom Gartenparadies direkt ins himmlische Paradies zu gelangen. Vom Giersch aber kann man bedenkenlos die ganz jungen Blätter als Salat zupfen, die älteren werden gedünstet. »Auch Meerschweinchen und Kaninchen fressen ihn gerne«, lese ich.

Bei der Besetzung Germaniens sollen römische Legionäre den Giersch als Gruß aus der Heimat mitgebracht und angebaut haben. Im Mittelalter gehörte er als Nutzpflanze in Kloster- und Bauerngärten. Er soll, wie sein Trivialname sagt, gegen Gicht und Rheuma helfen. Nachzulesen bei der Kräuterheiligen Hildegard von Bingen. Im Zweiten Weltkrieg nahm man ihn als Vitamin-C-Ersatz. Ich aber bin weder Mönch noch Bauer noch herrscht der Zweite Weltkrieg. Was also tun, sollte das Unkraut auch in unseren Garten einfallen?

Jakob Augstein erzählt in seinem schönen Buch vom Glück, Gärtner zu sein, und philosophiert über den Garten als »Refugium der Nutzlosigkeit«, als »Lichtung im Wald des Zweckmäßigen«, eine wunderbare Geschichte. Er kaufte sich eine handgeschmiedete und signierte Axt aus Schweden, um Holz zu hacken. Bei seinem ersten Versuch hieb er sich ins Bein und traf dabei den *Musculus vastus lateralis.* Für ihn sei das »eine interessante Erfahrung« gewesen, schreibt er. An einer anderen Stelle erzählt er von seinem Kampf gegen den Giersch: »Wie ich den bösen Feind geschlagen habe? Handarbeit. Faden für Faden. Und mit der Hilfe einer treuen Gärtnerin.« Er erwähnt auch ein Gift, das die *5-Enolpyruvylshikimat-3-phosphat-Synthase* hemmt, also den Stoffwechsel der Pflanze, und sie so austrocknen lässt. Es sei aber »keine schöne Sache für die Pflanze«, bemerkt er mitfühlend. Jenes Gift ist das geächtete *Glyphosat*. Es gehe aber auch ohne Chemie, schreibt Augstein, das sei nur eine Frage »des Willens«, man müsse lediglich einen »eisernen Entschluss« fassen: »Und dann habe ich mich mit kleinem Gerät durch die Beete gearbeitet. Drei Jahre lang.« Ich bewundere den Mann und ich beneide ihn um die »treue Gärtnerin«.

An dieser Stelle kann ich Ihnen als zu allem entschlossener Gartenkrieger nur sagen: Sollte es der Giersch jemals wagen, in mein »Refugium der Nutzlosigkeit« einzudringen, brauche ich nur eine Stunde, ihn mit der Spritze zu bekämpfen, in Flächen- oder chirurgischer Einzelbehandlung. Zugelassen ist zum Beispiel ein Kombipräparat aus *Maleinsäurehydrazid* und dem Bioherbizid *Pelargonsäure*. Und wer wissen will, wie es die Landwirte und Gartenbaubetriebe machen, kann das zum Beispiel im Internet bei den Unkrautsteckbriefen der Bayerischen Landesanstalt für Landwirtschaft nachlesen.

Sunzi sagt: »Dein großes Ziel im Krieg soll der Sieg sein, kein langwieriger Feldzug.« Der Krieg gegen Unkräuter im Garten ist ein langwieriger Feldzug, Woche für Woche, Monat für Monat, Jahr für Jahr.

Gundermann
Glechoma hederacea

»Haben Sie gedient?« In der Grundausbildung lernt man es: kriechen, vorwärtsrobben, in Deckung bleiben und unter Hindernissen hindurch, sich eingraben und weiter dem Feind entgegen.

Auch der Gundermann, oft Gundelrebe genannt, gehört zu den *Kriechpionieren.* Er hat nur einen Feind, den Gärtner. Denn von seiner Basis aus kriecht ein Hauptspross vorwärts, alle Handbreit gräbt er sich ein, sprich, schlägt er Wurzeln, von denen Seitensprosse abgehen, und ruck, zuck sind die Beete und Wege bedeckt. »Machst du das nicht weg?« Ich bewundere meine Gartennachbarin, sie hält sonst alles immer ganz clean. »Ich finde, Gundermann ist mit seinen Blüten doch ein schöner Bodendecker. Und er grünt auch noch im Winter.«

Glechoma hederacea müssen Sie nicht im Gartencenter kaufen, er kommt ganz von allein zu Ihnen. Und mit welch einem Mythos! Was dem Römer der Lorbeerkranz, war den Germanen die Gundelrebe. Zum grünen Kranz mit den blauen und violetten Blüten geflochten, war er ganz sicher was für die Siegfrieds und Kriemhilds. Heute können sie aus den bis zu zwei Meter langen Ausläufern (*Stolonen*) mit den Kindern schöne Kränze flechten. Man könne durch den Kranz Hexen erkennen, hieß es im Mittelalter. Wir hatten jahrelang eine im Nachbargarten, die haben wir allerdings auch ohne Kranz erkannt.

Der Gundermann liebt nährstoffreiche und feuchte *Glechometalia*, auf Deutsch: Saumgesellschaften. Da ist er im Kleingarten genau richtig, denn sind Kleingärtner nicht auch so etwas wie eine Saumgesellschaft, die sich vornehmlich an Bahndämmen, Autobahnen und Ausfallstraßen ansiedelt? Aber egal wo, Hummeln, Bienen und Schmetterlinge, sie alle lieben Gundermann, er ist ihre Honigweide. Auch Sie können Blüten zupfen und dran saugen: Jede Blüte enthält süße 0,3 Mikroliter Nektar, Zuckergehalt 43 Prozent. Wenn man die Blätter zwischen den Fingern zerreibt, »dann riechen Sie das ätherische Öl, den balsamischen Duft«, ist in einem Kräuterkochbuch zu lesen. Und weiter: »Mich erinnert er an heiße Sommertage, wenn ich im Schatten unter Bäumen liege.« Mich erinnert er vor allem an Arbeit und im Rasen an ein Problem. Nach vier Wochen Juliurlaub und viel, viel Regen waren weite Teile unseres Gartens mit Gundermann überwuchert. Gott sei Dank hat unser aller »Head Gardener« den Gundermann als Flachwurzler kreiert: Ein Griff – und Sie haben ihn ausgerupft. Dann haben Sie ihn wieder unter Kontrolle in seinen Reservaten. Aber nicht lange, er ist verdammt schnellwüchsig und will überallhin. Ein Kriechpionier eben.

Da der Gundermann als schöner Bodendecker bei mir ein räumlich begrenztes Aufenthaltsrecht hat, ist er mir durchaus von Nutzen. Gundermann kommt vom althochdeutschen Wort *Gund*, was so viel heißt wie »Eiter« oder »Geschwür«. Sein ätherisches Öl ist antibakteriell und entzündungshemmend. Man kann also zerriebene Blätter auf eine Wunde legen, muss man aber nicht. Da Gundermann der Minze und dem Salbei ähnlich ist, kann man auch Kräuterliköre oder Unkrauttees damit machen. Ist auch nicht mein Ding. Jedoch die zarten Blätter und die Blüten für Quark, ins Omelett oder die Quiche, das hat was. Eine Überlieferung besagt, isst man die ersten drei Blätter im Frühling, bleibt man das ganze Jahr gesund. Ich glaube das, so wie ich daran glaube, dass mich ein Arzt im weißen Kittel gesünder macht als einer in Jeans und T-Shirt. (Ist wissenschaftlich als Placeboeffekt bewiesen!) Ihr Pferd sollten Sie allerdings nicht an den Gundermann heranlassen, denn er soll für Pferde giftig sein. Wir aber experimentieren als Nächstes mit Blättern und Blüten im Cocktail, geht ja auch mit Minze und Borretsch. Und wie heißt es im Schöpfungsbericht: »Am siebten Tag sollst du ruh'n.« Ich glaube, Moses hat da etwas nur halb verstanden: Am siebten Tag ist auch Waffenruhe.

Greiskraut

Senecio vulgaris

Irgendwie sieht es putzig aus. Der weiße Haarschopf der Samen gibt dem Senior, sprich dem Gewöhnlichen Greiskraut, seinen Namen. Wirklich interessant an ihm ist nur seine Naturgeschichte: Das Mittelmeerkraut kam in der Steinzeit mit den ersten Siedlern aus dem Orient in unsere nördlichen Breiten. Als sie anfingen, Wälder zu roden, Felder zu bebauen und Gärten anzulegen, machte sich *Senecio vulgaris* als Acker- und Gartenunkraut breit. Es ist eines der Kulturfolger-Unkräuter.

Das Greiskraut ist glücklicherweise nur einjährig. Es wird bis zu 30 Zentimeter hoch, aber seine gelben Röhrenblüten machen nicht so viel her wie die Blüten anderer Unkräuter. Lassen Sie es bis zum weißen Seniorenschopf kommen, haben Sie im nächsten Jahr ein Problem, denn die Samen verbreiten sich nicht nur durch den Wind, auch Ameisen tragen sie weg. Das Greiskraut beherrscht also mehrere Taktiken, um Beete und Wege Ihres Gartens zu besetzen. Und dieses Wildkraut taugt für keinen Salat, keine Gemüsefüllung, nicht mal für eine Suppe. Von dieser früher gegen Menstruationsbeschwerden und andere Blutungen eingesetzten »Heilpflanze« sollte man die

Finger lassen, es sei denn, man will sie ausmerzen. Denn das Greiskraut enthält giftige *Alkaloide*, die die Leber angreifen und Leberzirrhose auslösen können.

Kleinblütiges Knopfkraut
Galinsoga parviflora

Nennen wir den »Erbfeind im Garten« gleich bei seinem ersten und richtigen Namen: Franzosenunkraut, Betonung auf *-un*. 30 000, in Worten: dreißigtausend Samen produziert eine einzige Pflanze, die sich mit dem Wind und wie der Wind verbreiten. Von der Keimung bis zur Samenreife dauert es nur sieben Wochen. Das Kleinblütige Knopfkraut, als was es die Botaniker verniedlichend bezeichnen, ist die Pest. In Polizeiordnungen wurde schon 1865 bestimmt, dass und wie es auszurotten ist. Doch der Reihe nach.

Galinsoga parviflora ist ein *Neophyht*, eine Neupflanze. Woher das Franzosen*un*kraut kam, wie es sich verbreitete und wie es zu seinem Namen kam, ist bestens erforscht.* Und das ganz ohne GPS! Seine

* Die ganze faszinierende Geschichte kann man bei Google Books nachlesen: Hansgeorg Molitor: »Der Erbfeind im Garten. Historische Anmerkungen zum Franzosenkraut«. In: Krauß, Henning (Hg.): »Offene Gefüge: Literatursystem und Lebenswirklichkeit«, Gunter Narr Verlag: Tübingen 1994.

ursprüngliche Heimat ist Peru. 1794 wurden die ersten Pflanzen in Madrid aus Samen gezogen. Benannt wurde die bis dato unbekannte Pflanze nach dem Leibarzt der Königin und dem Gründer des Botanischen Garten Ignacio Mariano Martinez de Galinsoga, also *Galinsoga parviflora.*

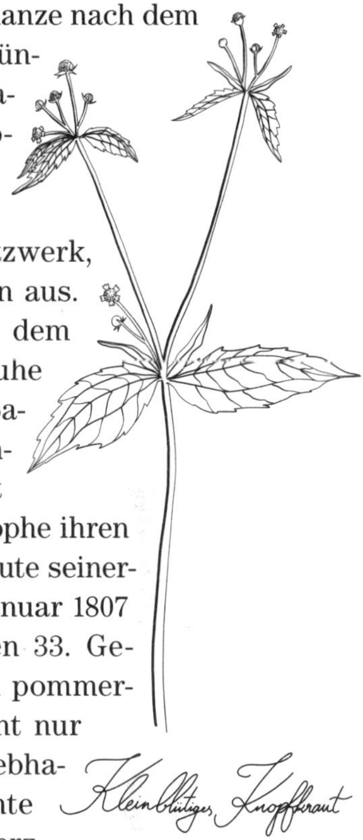

Die Botanischen Gärten sind und waren ein europaweites Netzwerk, sie tauschen Samen und Pflanzen aus. Paris erhielt damals Samen von dem exotischen Kraut, ebenso Karlsruhe und Berlin. Von Berlin gelangten Samen in den Schlossgarten Oranienburg (Brandenburg). Und von dort aus nahm die botanische Katastrophe ihren Lauf. Dr. med. Karl Homann betreute seinerzeit den Schlossgarten. Am 23. Januar 1807 feierte sein Bruder Georg seinen 33. Geburtstag. Georg Homann war im pommerschen Budow (heute Polen) nicht nur Pfarrer, er war auch ein Gartenliebhaber und Botaniker. Womit konnte Karl Homann also dem Bruderherz eine Freude machen? In einem Brief schickt er ihm Glückwünsche und Samen. »*Galinsoga parviflora* ist aus Peru über Madrid, Berlin zu mir gekommen.« Die Berliner, schreibt er, nennen es nach seiner Blütenform Knopfkraut. Pfarrer Homann sät es in eine Ecke seines Gartens, presst im Juni 1807 Blätter für sein Herbarium und vergisst das blühende Geburtstagsgeschenk, denn die Zeiten sind bedrohlich: Napoleon ist mit seinen Truppen in Preußen eingefallen, der König muss nach Tilsit fliehen, Franzosen besetzen das Land.

»Ein feste Burg ist unser Gott«: Immerhin das Gemeindeleben geht in Budow weiter, trotz der gottlosen Franzosen. Eines Tages bringt ein Konfirmand Pfarrer Homann eine Pflanze, die er nicht kennt. Ob er sie bestimmen könne? Pfarrer Homann kann, denn es ist das Kleinblütige Knopfkraut. Es hat sich aus seinem Garten heraus entlang der Straßen auf Äckern und in Gärten verbreitet.

»Kein auswärtiges Gewächs hat sich seit den französischen Einquartierungen in hiesiger Gegend (Budow) mit mehrerer Unverschämtheit eingewuchert als *Galinsoga parviflora*, daher auch Franzosenunkraut genannt«, schreibt er in einem Brief an einen Botanikerfreund. Den Namen angehängt hat dem Knopfkraut der Apotheker Brake in der nahen Kreisstadt Stolpe, als Homann sich mit ihm über dessen schnelle Verbreitung in Preußen austauscht. Brake hat auch gleich eine plausible Erklärung: Das Unkraut könnte nur das feindliche Invasionsheer der Franzosen eingeschleppt und mit dem Futter für die Pferde auf dem Vormarsch gen Moskau verbreitet haben. Daher könne man es nicht anders nennen als Franzosenunkraut. Und damit beginnen nicht nur im Garten und auf den Äckern, sondern auch auf den Schlachtfeldern die Befreiungskriege gegen Napoleon. Im Krieg stirbt die Wahrheit zuerst. Denn mit ziemlicher Sicherheit waren nicht die Franzosen der

Ausgangspunkt für die Ausbreitung des Knopfkrauts im nordöstlichen Mitteleuropa, sondern der Pfarrgarten von Homann. Er versorgte, nicht ahnend, was das Geburtstagsgeschenk anrichten kann, seine botanischen Freunde in ganz Preußen mit Samen. Aus ihren Gärten wilderte es aus.

Aber es kam damals nicht nur im heutigen Ostdeutschland, in Polen und im Baltikum vor. Schon um 1802 hatte sich das Knopfkraut aus dem Botanischen Garten in Karlsruhe im Land verbreitet. Auch in Baden und Württemberg und den Ländern am Rhein waren zuvor französische Revolutionstruppen einmarschiert. Damals allerdings noch von großen Teilen der Bevölkerung freudig begrüßt, denn die »Brüder« brachten Freiheit und Bürgerrechte und führten Einheitsmaße wie Meter und Kilogramm im Südwesten ein. Ein Gartennachbar aus Koblenz hat mir erzählt, dass er als Kind das Franzosenkraut gegen Taschengeld ausgerissen hat. »Das Kraut kommt und bleibt wie die Franzosen«, sagte seine Oma immer. Sie hatte die französische Besetzung nach dem Ersten und Zweiten Weltkrieg erlebt. Übel verleumdet wurde das Wildkraut des »Erbfeindes« 1870/71 im Deutsch-Französischen Krieg, noch übler im Ersten Weltkrieg. So wie das Kraut im Garten müsse man die Franzosen »vernichten«, hieß es.

Gut, dass unsere Völker jetzt Freunde sind. Das Kraut, wie immer man es nennt, bleibt aber ein Feind. Ein Feind, den man zum Fressen gernhaben kann, denn Sie können es auch essend vernichten: die Blätter roh in den Salat geben oder dünsten wie Spinat;

im Winter die Samen als Keimlinge essen. In der Homöopathie wird *Galinsoga* gegen grippale Infekte eingesetzt. Es gibt übrigens auch noch das Behaarte Knopfkraut – *Galinsoga ciliata*, bei uns seit 1850 ein *Neophyt*, ein Neubürger. Sagte ich Neubürger? Wissen Sie, wie das Unkraut in Amerika genannt wird? Shaggy soldier, der Struppige Soldat, weil es ein Invader ist und Krieg führt auf Äckern, in Gärten und Treibhäusern und halbe Ernten vernichtet. Ob *parviflora* oder *ciliata*, mir kommen diese Erbfeinde nicht in den Garten.

Knoblauchsrauke
Alliaria petiolata

Wieder einmal war ich nicht dazugekommen, alles, was ich nicht kannte, auszujäten, unterzugraben, auszurupfen oder wegzuspritzen. Plötzlich entdeckte ich ein mir unbekanntes Kraut mit herzförmigen tief eingekerbten Blättern und mit kleinen weißen Blüten, an einigen Stellen schon 40 bis 60 Zentimeter hoch.

»Du hast ja Knoblauchsrauke in deinem Garten. Toll. Die jungen Blätter und Triebe kannst du von April bis Juni fein gehackt in den Quark schneiden oder in Frischkäse. Schmeckt wie milder Knoblauch und nach Kresse. Musst du aber schnell verarbeiten, die Aromen sind sehr flüchtig. Aus den Samen kannst du Senf machen. Ist allerdings mühsam. Aber die Pfahlwurzel ist gerieben wie Meerrettich zum Käse.« Unsere Freundin Edith kennt sich aus im Garten und noch mehr in der Küche.

Alliaria petiolata erkennt man leicht: Wenn man die Blätter zwischen den Fingern reibt und es nach Knoblauch riecht, ist es die gleichnamige Rauke, die auch Lauchhederich genannt wird. Die Knoblauchsrauke ist einjährig, kann aber überwintern. Sie liebt Waldränder und -lichtungen, Parkanlagen und Schuttplätze. Und »verwilderte Gärten«. So lehrt es die Pflanzensoziologie. Heißt das etwa, dass unser Garten verwildert ist? *Jack-by-the-hedge* nennt man das Kraut in England, da es sich an Hecken breitmacht. »Jack bietet den Nektar seiner kleinen weißen Blüten vielen Insekten freizügig an.« Kann man es poetischer formulieren? Und es schwirrt und kriecht einiges Getier herbei: das Waldbrettspiel, der Aurorafalter, der Mehlfarbene Raukenspanner und die *polyphagen*, sprich allesfressenden Raupen der Achateule und des Grünader Weißlings, eher seltene, wenn nicht gar bedrohte Schmetterlingsarten. Die Raupen des Kreuzblütler-Blattspanners und des Gemeinen Blattspanners leben vornehmlich von den Blättern der Knoblauchsrauke, denn sie sind *oligophag*, sie haben einen sehr wähle-

Knoblauchsrauke

rischen Darm. Anders als die ersten weißen Siedler Amerikas, sie waren *polyphag*, Allesfresser. Sie brachten das Kraut auf ihren Schiffen für ihre Hausgärten mit. Nicht nur für Salat und Senföl. Es ist auch antiseptisch und antiasthmatisch und gut gegen Würmer. So viel aus der »Apotheken Umschau« über die rezept- und gebührenfreie Apotheke Gottes.

Wenn sie nicht durch Siedler verbreitet wird, verbreitet sich die Knoblauchsrauke durch Samen, die durch den Wind, Tiere oder Menschen aus den Schoten gelöst werden und zu Boden fallen (*Semachorie*). Bei Regen verschleimen die Samen und lassen sich als blinde Passagiere von Mensch und Tier forttragen (*Epichorie*). (Die Begriffe sollten Sie sich merken, wenn Sie bei Günther Jauch Millionär werden wollen.) Doch die Knoblauchsrauke vermehrt sich auch schlicht *vegetativ* durch unterirdische Wurzelausläufer und Wurzelknospen. Sie ist also sehr standorttreu. Ich lasse sie in unserem Garten an manchen Stellen wachsen. Im Gartencenter gibt es unattraktivere Pflanzen zu kaufen, aber *Alliaria petiolata* kommt von ganz allein und umsonst in Ihren Garten.

Also: friedliche Koexistenz, aber in Grenzen! Doch wenn mich die Knoblauchsrauke stört, kommt sie mit einem Griff raus – und ab auf den Kompost. Natürlich bevor sich Samen gebildet haben! Das gilt übrigens für jedes Unkraut. Denn eine Veteranenweisheit besagt: »Unkräuter, die Samen werfen, hat man für sieben Jahre.«

Persischer Ehrenpreis
Veronica persica

Gefühlt jeder zweite Taxifahrer in Köln ist ein Perser. Woher ich das weiß? Sie müssen gar nicht hingucken und fragen, nur hinhören: Wenn im Autoradio der Deutschlandfunk mit dem Literatur-Scheck zu hören ist oder ein Philosophiefeature auf WDR 5, kann nur ein Perser am Steuer sitzen. Nette Leute, sehr gebildet, vor dem Schah geflohen oder den Mullahs. Mit anderen Worten Zuwanderer, jetzt schon in der zweiten und dritten Generation bei uns heimisch. Was hat das mit Garten zu tun, fragen Sie? Persischer Ehrenpreis, *Veronica persica*, ist auch so ein Zuwanderer. Kommt ursprünglich aus dem Kaukasus und ist heute in ganz Mitteleuropa zu finden. Und das ganz ohne Schah und Mullahs.

Der Botanische Garten in Karlsruhe wurde vom Landesherrn Karl Friedrich gegründet mit dem Auftrag, exotische Pflanzen aus aller Welt zu sammeln. Ob er auch den Persischen Ehrenpreis im Sinn hatte, ist nicht bekannt, aber 1805 soll sich das Kraut ausgewildert haben. Und einmal draußen, verbreitete es sich schnell. Ein typisches Unkraut eben. Die gute Nachricht für den Gärtner: Ein Griff – und auch dieses Zeug ist weg. Die traurige Nachricht: Neben seinem poetischen Namen hat der Persische Ehrenpreis wunderbar zarte blaue Blüten mit weißen Streifen, wenn auch sehr kleine. Dafür ist er ein Blühwunder: von März bis Dezember und auch schon mal im Winter, ein kostenloser Bodendecker und eine Bienenweide.

Nicht nur kleine Mädchen, auch Jungs können sich entzückende Ehrenkränze daraus flechten. Daher wohl der Name. Oder sie sammeln die Blüten für die Sterneküche: »Rote Thunfischstreifen mit Wasabi, Sesam und Wildkräutern«. Neben den Gänseblümchen- und Holunderblüten machen sich die blauen *Veronicas* dort bestens. Aber ich kann Sie ja verstehen: Ein Sternemenü ist nichts für den Heißhunger und kostet. Und nicht immer hat man nach der Arbeit des Tages ein Ohr für ein Philosophiefeature auf WDR 5. Doch bei mir im Garten ist der Persische Ehrenpreis willkommen und hat Heimatrecht, ob im Beet, auf Wegen oder aus Töpfen rankend. Und wo kämen wir in Köln hin ohne die persischen Taxifahrer.

Behaartes Schaumkraut
Cardamine hirsuta

Lady Di hat sich dafür eingesetzt und mit ihr 1200 nichtstaatliche Organisationen in 90 Ländern: für die Ächtung von Landminen (International Campaign to

Ban Landmines). Das Behaarte Schaumkraut, das in Wildkräuterkochbüchern wegen des »kressigen Geschmacks« seiner Blätter und diverser heilender Wirkstoffe gerühmt wird, hingegen ist noch nicht geächtet. Landläufig wird es Springkraut genannt, es ist aber eher eine Splittermine.

Wikipedia schreibt über Minen: »Manche kriegführenden Parteien benutzen Minen auch mit voller Absicht gegen die Zivilbevölkerung, um eine Gegend unbewohnbar und Äcker und Weiden unbenutzbar zu machen oder schlicht Terror gegen die feindliche Bevölkerung zu üben.« Eine solche Wirkung hat auch das Behaarte Schaumkraut. Unscheinbar, oft gut getarnt zwischen anderen Pflanzen, schießt es schnellwüchsig hervor. Aber wehe, die Samen sind reif, dann explodiert die Schote wie eine Mine und schleudert die Samen wie Splitter heraus. Bis zu 1,40 Meter im Umkreis.

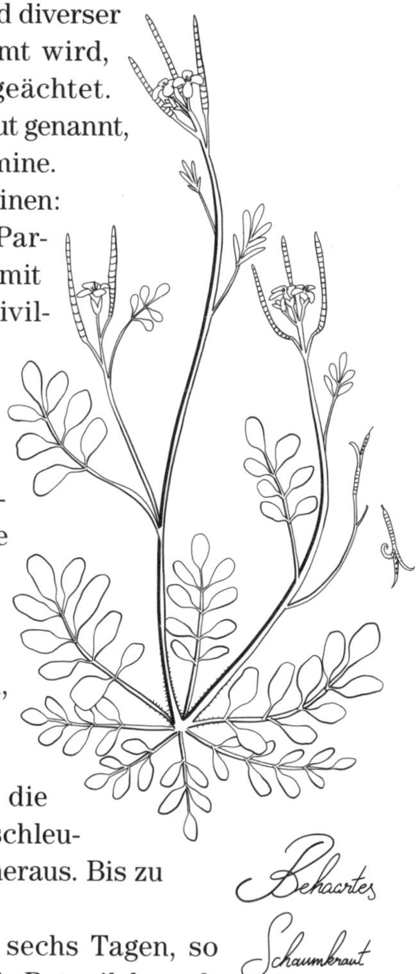

Gott erschuf die Welt in sechs Tagen, so steht es im Buch Mose. Für die Botanik brauchte er nur einen Tag. (Gleich am dritten der Schöpfung.) Dafür muss er einen Plan gehabt haben. Er gab den Pflanzen, wie schon beschrieben, ganz unterschiedliche Strategien, wie sie sich auszubreiten haben. Seine genialste Idee aber ist der Saftdruckstreuer. Sind die Samen reif, steigt der Zellsaftdruck, die Wände der Frucht schwellen an, und wenn ein bestimmter Druck erreicht ist, entleert sich die Schote explosionsartig (*Ballochorie*). Warum eigentlich überließ Gott die Natur nicht sich selbst? Warum musste er am sechsten Tag unbedingt noch einen Gärtner und eine Gärtnerin schaffen? (Was er später als Fehler einsah und die Sintflut schickte.) Wir werden es nie erfahren. Aber eines liegt auf der Hand: Da er das Prinzip einmal erfunden hatte, machte er Adam auch zu einem Saftdruckstreuer.

Das Behaarte Schaumkraut ist zwar eine einheimische Wildpflanze, blieb aber lange Zeit eher unauffällig. Das änderte sich 1970. Da wurde es aus Gärtnereien und Baumschulen verschleppt und breitete sich in ganz Westdeutschland aus. Und als 1989 die Mauer fiel, an der es bekanntlich auch Minen und Selbstschussanlagen gab, machte es auch in die neue Freiheit nach Ostdeutschland rüber. Heute gehört es zu den häufigsten Unkräutern in unseren Gärten. Bis zu sieben Mal im Jahr wächst das Kraut zur Samenreife heran, es kann sogar überwintern. Daraus ergibt sich folgende Rechenaufgabe für die Mittelstufe: Wie viele Quadratmeter Garten kann eine einzige Pflanze in einem Jahr verminen? Bei einem Radius von 1,40 Metern mal 6 springt das Kraut 8,40 Meter weit. Macht in der Fläche Radius (r) · Kreiszahl (π) = 8,4 m · 3,14159 = 26,4 m^2. Eine einzige Pflanze kann also in einem Jahr ein Terrain von 26 Quadratmetern erobern und es zu einem hochexplosiven Minenfeld machen. Kann? Sie tut es!

Aus diesem Grund ist das Behaarte Schaumkraut bei mir geächtet und ich führe konsequent Krieg dagegen. Es ist – Gott sei Dank – leicht mit der Hand auszureißen oder mit dem Jäter umzulegen. Und die Blätter schmecken tatsächlich kresseartig.

Rucola

Eruca vesicaria

Ich traute meinen Augen kaum, als ich aus dem Fenster der Straßenbahnlinie 18 hinausschaute: Auf dem Randstreifen wuchs ein Kraut mit kleinen knallgelben Blüten und eingeschnittenen Blatträndern. Eigentlich kein Wunder, denn die Kölner Verkehrsbetriebe fahren ja nicht mehr überall nachts mit Giftwagen herum, um das Unkraut im Gleis und an den Rändern zu vernichten. Und das Unkraut, das sie da grünen und blühen lassen, kennen Sie auch, denn wir essen es als Salat, auf der Pizza oder allem Möglichen. Es ist ein Reimport. Deutsche Touristen haben es im Land ihrer Sehnsucht kennengelernt, in Bella Italia: der Rucola. Ein Modekraut. Doch nun kommt der Witz: Als Rauke, ganz genau als Garten-Senfrauke (*Eruca vesicaria subsp. sativa*) gab es Rucola ursprünglich schon lange in Deutschlands Bauerngärten, für den Salat und für Senföl aus den Samen. Die Römer sollen ihn in ihrem Marschgepäck mitgebracht haben, wie den Wein, das Immergrün und – na ja – den Giersch. Doch dann wurde die Rauke als Salatblatt hierzulande einfach vergessen. Kaninchenfutter nannte mein Vater sie. Bis sie dann aus Italien erneut importiert wurde. Ich habe mehrmals versucht, wilden *Rucola selvatica* aus italienischen Tütchen in Reihen zu säen. Denn der üblichen Gartencenterware ist der scharfe pfeffrige Geschmack abgezüchtet worden. Aber in dem Beet keimte nix oder Erdflöhe perforierten die Pflänzchen, sodass ich sie rausreißen musste.

»Unkraut ist eine Frage des Standorts«, heißt es treffend. Es lebe das Unkraut! Irgendwie hatte sich ein Samen ins Erdbeerbeet verirrt, lange wurde der Beetflüchtling von mir übersehen, bis ich ihn erkennungsdienstlich behandelte. Was tun? Ausrupfen, weil es nicht der vorgesehene Standort ist? Oder stehen lassen? Die Wildform ist mehrjährig, also auch winterhart. Ich beschließe, ihr im Erdbeerbeet Asyl zu gewähren; hier wird sie nicht von Erdflöhen verfolgt. Bis zu 80 Zentimeter wird sie hoch, ich zupfe die noch zarten Blätter für den Salat und lasse sie sogar blühen und samen. Wohin sie will. Und sie will. Mal wächst sie in den Fugen einer Terrasse, mal schafft sie es, sich sogar gegen den den Boden bedeckenden Storchschnabel durchzusetzen.

Bei uns gibt es jetzt alles »an Rucola, eigene Ernte«. Aus dem Garten natürlich, nicht vom Randstreifen der Straßenbahn.

Pionierpflanzen
Ruderalflora

»Der Gemeinschaftsweg ist bis zur Mitte von Unkraut freizuhalten.« So steht's in der Satzung unseres Kleingartenvereins. Zu Recht. Die Frage ist nur, wie? Ich bewundere die Gartenfreunde, wie sie amtlich heißen, die ganze Samstage stundenlang auf dem Weg knien und sich Handbreit für Handbreit durch den Kleinschotter robben, um jedes Pflänzchen in Handarbeit auszugraben. (Bei Insassen von Strafanstalten soll diese Arbeit beliebt sein, weil sie dann zur Abwechslung mal an die frische Luft kommen.) Es dauert ewig und ist nicht jedermanns Sache. Aber es ist satzungskonform und steht mit dem Pflanzenschutzgesetz Paragraf 12 im Einklang, sozusagen der Genfer Konvention für den Krieg im Garten. Das Gesetz beschränkt den Einsatz von Herbiziden auf »gärtnerische, landwirtschaft- und forstwirtschaftliche Flächen«. Im Erwerbsbetrieb heißen sie »Pflanzenschutzmittel«, auf Wegen, Terrassen und Zufahrtswegen aber sind es böse Gifte. Entsprechend empfiehlt das »Kleingarten-Magazin der Gartenfreunde Rheinland« generell, Unkraut manuell oder mit Dampf zu beseitigen oder es abzuflämmen. »Oder«, heißt es dort, »Sie lassen die Natur einfach mal Natur sein.« Viel Spaß, ihr Gartenfreunde.

Der Gemeinschaftsweg im Kleingartengebiet mit seinem Schotter ist botanisch gesehen eine *Ruderalfläche*, eine Brache. Von Natur aus sind Brachen eher selten, es sei denn, es kommt zu einem Erdrutsch oder einer Überschwemmung. Oder zu einem Vulkanausbruch. Lava und Asche des Mount St. Helens in den USA machten 1980 das Land im Umkreis von 30 Kilometern zur Brache. Heute ist es wieder rundum grün um den Vulkangiganten. Ansonsten sind *Ruderalflächen* meist von Menschen gemacht. Für die größte bei uns sorgten die Alliierten im Zweiten Weltkrieg, indem sie Städte zerbombten. Jahrelang Trümmer und Schutt. Das war übrigens ein tolles Forschungsgebiet für Botaniker, denn es gibt Pflanzen und Bäume, die spezialisiert sind auf Brachen. Viele sind *Pionierpflanzen*, die erst einmal das Terrain für nachkommende Truppenverbände, sprich Pflanzen, Büsche und Bäume bereiten. So weit darf es auf dem Gemeinschaftsweg nicht kommen! Aber was tun gegen Quecke, Behaartes Schaumkraut, stacheliges Zeug, besonders gegen die trittfesten Unkräuter, die Wege lieben, wie den Löwenzahn, Breitwegerich oder Vogelknöterich? Das Unkraut muss weg. Nur wie?

Auf der Wegseite meines Gartenfreundes gegenüber gibt es kein Unkraut, obwohl ich ihn nie beim

Zupfen oder Jäten sehe. »Wie machen Sie das?« Eine Frage, die sich eigentlich verbietet. Denn die Methoden der Unkrautbekämpfung auf den Gemeinschaftswegen unterliegen der sizilianischen Omertà: nichts sehen, nichts hören, schweigen. Aber wir haben Vertrauen zueinander. »Ich kenne jemanden, der streut Streusalz.« »Streusalz? Im Winter?« »Nein, im Sommer.« Andere, referiert er, denn er will ja niemanden denunzieren, kaufen einen Fünf-Liter-Kanister Essigreiniger im Supermarkt. »Kostet ja fast nix. Mit Wasser eins zu fünf verdünnen und mit der Gießkanne über den Weg.« Den Essigreiniger habe ich probiert. Er wirkt. Aber man kann nur spät am Abend gießen, wenn keiner mehr im Garten ist, denn es riecht stark.

Mein Nachbar zur Rechten lacht da nur. Er spritzt fröhlich ein *Herbizid*, das er bei seinem Arbeitgeber abzweigt, der damit die Flächen um die Fabrikhallen unkrautfrei hält. »Wenn's dich beruhigt, es gilt als nicht bienengefährlich und Wolfsspinnen überleben es auch. Aber es darf nicht in die Kanalisation oder in Gewässer abgeschwemmt werden.« Er hat den Beipackzettel gelesen. Sollte jeder Gärtner tun. Zumal Vorsicht geboten ist. Kollateralschäden sind der Albtraum jedes Generals. Mit Totalherbiziden vernichten Sie auch Ihre zivilen Stauden und Blumen. Daher sind zwingend Spritzschirme angesagt, die den chirurgischen Einsatz gewährleisten und Vernebelung verhindern.

Was aber ist das Geheimnis meines Gartenfreundes von gegenüber, den ich nie das Unkraut wegmachen oder spritzen sehe? Im Winter, wenn es schneit, sind bei ihm Schnee und Eis immer schnell weg. Er ist es offensichtlich selber, der Salz gegen Unkraut streut. Im Sommer. Ein Krieg wird nun mal nicht immer mit sauberen Mitteln geführt, es gibt auch schmutzige Kriege.

Zaunwinde
Calystegia sepium

Tunnel zu bauen, um den Feind zu überlisten, gehört zu den bewährten Kriegstaktiken. Auch die terroristischen Zaunwinden bilden unterirdisch ein Tunnelsystem, kommen gut versteckt und getarnt aus dem Boden, robben sich unsichtbar an, erklimmen verdeckt Stängel und Äste. Und, peng, sind sie da, mit reinweißen großen Trichterblüten. Zaunwinden (*Calystegia sepium*) heißen sie botanisch. Sie stammen aus der Familie der Convolvulaceae, der Windengewächse, und erwürgen und erdrücken alles, was im Garten wächst: Hostablütenstängel, Fingerhüte. Den zwei Meter hohen Limelightbusch erklimmen sie ebenso wie die Buchenhecke. Egal wie, nur aufwärts muss es für sie gehen.

Sicher haben Sie sich beim Umgraben schon mal über die »Spaghetti« im Boden gewundert: genauso weiß und lang, nur etwas krummer. Eine Wurzel eben, denken Sie – und wollen sie untergraben. STOPP! Besser ist es, sie vorsichtig herauszunehmen und in den Sondermüll zu werfen. Denn es ist die Wurzel der Zaunwinde mit der vom Giersch schon bekannten Besonderheit: Aus jedem auch noch so kleinen Schnipsel der Wurzel sprießt ein neuer Trieb. Nach einem Jahr hat sie nicht nur eine Spaghettiwurzel gebildet, sondern ein Rhizom, das aussieht wie die Schnittdarstellung eines Bergwerks, mit Schächten, Querstollen und Seitenschächten. Die Pflanze ist mehrjährig und das Wurzelgeflecht reicht bis zu 70 Zentimeter in die Erde und kann meterlang werden. Und das alles nur für Eintagsblüten, die sich von 9 bis 17 Uhr öffnen. Jedoch nur, wenn es trocken ist. Bei drohendem Regen bleiben sie geschlossen. Auf diesen *Wetterzeiger*, wie ihn die Botaniker nennen, kann ich gut verzichten. Wird die Blüte bestäubt, bilden sich vier Samen. Nur vier? Das reicht. Sie fallen wie Zeitzünderbomben zu Boden, wo sie im nächsten Frühjahr explodieren und ihr zerstörerisches Werk fortsetzen.

Versucht man voller Wut das Zeug aus den Pflanzen zu reißen, hat man gleich ihre Blätter, Blüten, Äste mit in der Hand. Denn die Stränge der Zaunwinde sind so reißfest wie guter Bindfaden. Man kann jedoch versuchen, sie abzuwickeln – immer linksherum, denn die Pflanze ist ein *Rechtswinder*. Haben sich bereits Samen gebildet, vorsichtig abnehmen und auf den Sondermüll! Man muss das Übel an der Wurzel packen. Nur wie? Neue Winden verfolge ich bis zu der Stelle, an der sie aus dem Boden kommen. Mit dem Unkrautstecher lockere ich erst den Boden, hebe ihn dann aus und klaube die Wurzel vorsichtig heraus. Bleibt auch nur ein Stückchen der Wurzel im Erdreich, sprießt die Zaunwinde erneut. Sie können förmlich zugucken, wie sie sich dann in die Höhe dreht: jeden Tag mehrere Windungen. Um den Teufelsdarm, wie die gleichüble Ackerwinde treffend genannt wird, unter Kontrolle zu bekommen, gibt es nur ein Mittel: eine Spezialbehandlung mit unverdünntem oder etwas flüssiger gemachtem *Herbizid*, das man mit dem Pinsel auf die Blätter aufträgt. Es gibt im Handel auch fertige Schäume. Das Mittel lässt nicht nur das oberirdische Grün absterben, es dringt auch abwärts in das Rhizomgeflecht.

Mit Terroristen gibt es keine friedliche Koexistenz. Mit der Zaunwinde ebenso wenig. Es sei denn, Sie wollen aus ihr eine Hexensalbe mischen.

Neupflanzen
Neophyten

Garten und Zaun gehören zusammen. Spießer hin, Spießer her, der Zaun ist die Grenze meines Territoriums. Ich patrouilliere möglichst regelmäßig gut bewaffnet an ihm entlang. Ich entferne die Brombeerranken, die aus Nachbars Garten meine Portugiesische Lorbeerhecke durchwuchern, ich reiße die Ranken einer mir unbekannten Schlingpflanze aus dem Taxusbaum. Ich bekämpfe die Zaunwinde des Nachbarn, deren Samenkapseln ganz oben auf dem Maschendrahtzaun hocken, um in meinen Garten zu springen. Immerhin werfe ich dem Nachbarn das Grün nicht über den Zaun zurück, wie andere Gartenfreunde es tun. Sehe ich bei meinen Grenzgängen, dass die Beete des Nachbarn am Zaun brachliegen, sie sich mit Behaartem Springkraut bedecken, um mit Kassamraketen mein Land zu beschießen, dann zerstöre ich die Abschussbasen mit gezielten Luftschlägen des Jäters und schaffe einen *Cordon sanitaire.* Am liebsten würde ich den Streifen besetzen. Angriff ist nun mal die beste Verteidigung!

Es gibt unter den Biologen Spezialisten, die *Invasionsbiologen,* die mit ihrem Radar *Invasive Spezies* erfassen. Moment mal, werden Sie sagen, Invasion ist doch der Einfall fremder Truppen. Richtig. Aber es handelt sich botanisch und politisch korrekt bei

Pflanzen, die nicht einheimisch sind, werden Sie sagen, doch um *Neophyten*, Neupflanzen. Auch richtig, denn Sie denken da sofort an die Tulpe oder die Pfingstrose. Die waren bei uns auch nicht heimisch, von der Tomate oder der Kartoffel ganz zu schweigen. Egal, *Neophyten* sind zunächst mal Ausländer, netter gesagt, Einwanderer oder Zuwanderer. Aber weiß man, ob die sich integrieren wollen, ob sie das ökologische Grundgesetz anerkennen und die Gesetze achten? Weiß man nicht.

Gut 500 Pflanzen gelten unter Botanikern als *Neophyten*. Es sind eigentlich mehr, denn gezählt werden nur die, die seit 1492, seit der Entdeckung Amerikas durch Kolumbus, zu uns gekommen sind. Aus Nord- und Südamerika, auch aus Asien, dem Kaukasus und dem näheren Mittelmeerraum. Selbstverständlich gab es aber auch schon vor 1492 Einwanderer. In der Jungsteinzeit wanderten Bauern aus dem Orient nach Mitteleuropa ein, sie brachten das Getreide mit und so schöne Ackerunkräuter wie die Kornblume und den Klatschmohn. Im Unterschied zu den *Neophyten* heißen sie *Archäophyten*.

Es gibt *Invasive species*, die ganz legal mit der Greencard gekommen sind, wie der Japanische Staudenknöterich (*Fallopia japonica*). Der Name besagt es schon, seine Heimat ist Japan. 1825 wurde er als Zier- und Futterpflanze eingeführt. Er wurde sogar einmal zur »Pflanze des Jahres« gekürt, weil er mit seinen großen Blättern superschnellwüchsig ist. In einem Monat bringt der Staudenknöterich es auf gut einen Meter Höhe, bis zum Maximum von drei bis vier Metern. Als gute Bienenweide wurde er selbst von Imkern angebaut. Und dann ist 2014 in der seriösen *Sunday Times* in fetten Lettern zu lesen: »Invasion des Killerkrauts. Der Japanische Knöterich frisst unsere Gärten, zerstört unsere Häuser, ruiniert unser Leben.«

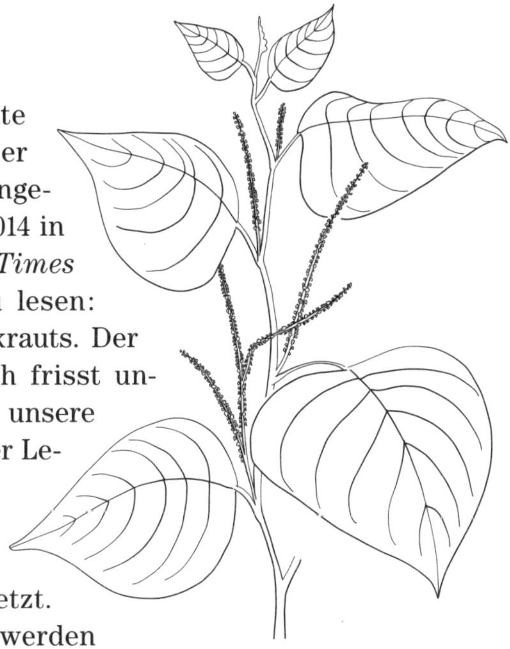

Japanischer Staudenknöterich

Ganz England und Schottland sind heute von ihm besetzt. 180 Millionen Euro werden dort pro Jahr für den Krieg gegen das Unkraut ausgegeben, denn es sprengt den Asphalt von Parkplätzen, es verwüstet Freiflächen vor Fabriken und dringt sogar durchs Gemäuer in Gebäude ein. Und sollten Sie zufällig ein Haus in England verkaufen wollen, müssen Sie per Gutachten nachweisen, dass der Garten nicht von Staudenknöterich befallen ist. Und wenn doch? Dann bekommen Sie 30 000 Pfund weniger. Der Japanische Staudenknöterich beherrscht mittlerweile in Deutschland ganze Bachläufe und kleine Flüsse und breitet sich nicht nur in Wäldern und Parks aus. Wenn Sie auf der Autobahn von Berlin bis nach Konstanz fahren, werden Sie überall Staudenknöterich auf dem Mittelstreifen oder am Straßenrand sehen.

Was macht den Japanischen Staudenknöterich so gefährlich, wo er sich doch nur *vegetativ* verbreitet? Es ist das *Rhizom*, ein unterirdisches Geflecht aus gurkendicken Wurzeln. Versuchen Sie mal, die auszugraben. Jedes übersehene fingerlange Stück treibt neu aus. In Japan halten Insekten und anderes Getier den Staudenknöterich nieder. Um ihn bei uns zu bekämpfen, müssen Sie den Job selbst übernehmen. Gehen Sie mit einer Infusionsspritze von Stängel zu Stängel und spritzen Sie ein *Herbizid* hinein. Oder traktieren Sie den Boden mit heißem Dampf. Danke, sagt da unser Gartenfreund, der Regenwurm. Oder Sie mähen die befallene Fläche ab, bedecken sie mit Plastikplanen und deklarieren das Ganze als Kunstprojekt a là Christo und Jeanne-Claude.

Aber es gibt Hoffnung in Form des nur zwei Millimeter großen japanischen Blattflohs *Aphalara itadori*. Er kommt in unseren Breiten noch nicht vor. Aber in England überlegt man bereits, den Floh ins Land zu holen und ihn als Natural predator, als biologische Kampftruppe, gegen den Staudenknöterich einzusetzen. Der Blattfloh soll *monophag* sein, also nur vom Staudenknöterich leben. Was aber, wenn er auch Geschmack an anderen Pflanzen findet?

Die Globalisierung des Handels, sei es über Gartenbaubetriebe oder über das Internet, sorgt ganz legal für die multi-kulti-bunte Bereicherung unserer Gärten mit Greencard-*Neophyten*. Leider hört aber die Fremdenfeindlichkeit im Garten nicht auf. »Artfremde, nicht einheimische Arten« haben bei uns nichts zu suchen, sagen Gartenpuristen. Sie bekamen im englischen Shitstorm heftigen Gegenwind: Sie wurden als »xenophob«, als fremdenfeindlich und als »Gartenrassisten« bezeichnet. Diesen Stimmen wurde wiederum entgegnet, es sei doch »tragisch, wenn der giftige Unsinn der politischen Korrektheit die Stille des Gartens verseuchen würde«. Möchten Sie da widersprechen? Trotz allem sollten wir schon wissen, mit wem wir es zu tun haben.

Die *Invasionsbiologen* sind so etwas wie unser MAD, der militärische Abschirmdienst. Sie halten bestimmte Arten unter Beobachtung: Wer integriert sich friedlich, wer kommt in feindlicher Absicht, wer ist Gefährder, wer ist Schläfer und wird erst noch zum Terroristen? Die Invasionsbiologen haben bereits Warnlisten erstellt, einzusehen bei Wikipedia unter »Liste der Neophyten in Deutschland«. Gewarnt wird dort unter anderem vor dem giftigen Riesen-Bärenklau (*Heracleum mantegazzianum*) aus dem Kaukasus, der sich auch in unserem Vorgarten festgesetzt hatte. Ebenso vor dem beliebten Schmetterlingsflieder (*Buddleja davidii*), der ein Gartenflüchtling ist und sich überall breitmacht. Denn außerhalb von Zaun und Hecke sind die grünen Terroristen kaum zu bekämpfen. Im Garten schon.

Beetflüchtlinge

Garten ist Ordnung: Das Kräuterbeet ist ein Kräuterbeet, das Gemüsebeet ist ein Gemüsebeet, das Blumenbeet ist ein Blumenbeet. Doch da hat man die Rechnung ohne die Beetflüchtlinge gemacht, die das Weite suchen und sich niederlassen, wo es ihnen passt. Akelei, Lungenkraut, Wolfsmilch und Mohn wollen überall blühen. Sauerampfer, Fenchel, Rucola, Zitronenmelisse, Borretsch und Baldrian wollen überall wachsen und sich versamen. Eine einzige Mohnkapsel enthält bis zu 100 000 Samen. Da muss man schon mit der Lupe hinsehen, so mikro sind sie. Der Fenchel wird in seinem Beet mehr als zwei Meter hoch, seine Dolden haben Aberhunderte Körner.

Im Frühjahr sprießt es dann überall im Garten, in den Gemüsebeeten, zwischen Stauden, in Tomaten- und Pflanzentöpfen. Der Baldrian hat sich mit tiefer Wurzel an einem Zaunpfosten festgesetzt, der Rucola kommt einwandfrei in einer Ritze zwischen Wegplatten hervor, der Fenchel schießt in Massen aus dem Gemüsebeet und gedeiht friedlich in einem Topf, zusammen mit einer Weißrandhosta (»Patriot«). Unkraut ist bekanntlich eine Frage des … Sie wissen schon. Und als solches werden die Beetflüchtlinge in Nachbargärten auch behandelt. Kein Asyl! Raus damit!

Trotzdem passt der Sauerampfer mit seinen roten Blattadern gut in die Gesellschaft von Frauenmantel (*Alchemilla mollis*), Tüpfelfarn (*Polypodium vulgare*) und Purpurglöckchen (*Heuchera*). Und kann ich die jungen Fencheltriebe nicht erst einmal 20 Zentimeter hoch wachsen lassen, um sie wie die Sizilianer in den ersten Frühjahrssalat zu schneiden? Bei den Beetflüchtlingen verfahre ich nach der Devise: Sind sie Unkraut oder kann man sie essen? Eine Freundin kennt sich auf diesem Gebiet bestens aus. Während ich mich – Mann ist Mann – mit dem Ibericosteak auf dem Grill beschäftige, streift sie durch den Garten, zupft hier Grün und da Blüten und macht einen köstlichen bunten Salat aus Beetflüchtlingen. Und in den Pimm's als Aperitif (man nehme Gin und Tonicwater als Basis) gehören immer auch ein paar blaue Blüten des Borretsch, der bei mir überall wächst, nur nicht im Kräuterbeet. Und was man mit dem besungenen roten Mohn auch noch machen kann, fällt unter das Betäubungsmittelgesetz. Dennoch: Welcome, ihr Beetflüchtlinge!

Meine kleine Gartenwelt wäre vollkommen in Ordnung, wenn es da nicht noch die Himbeeren und die Brombeeren gäbe. Auch sie sind Beetflüchtlinge. Meterweit weg von ihrem Standort treiben sie aus unterirdischen Ausläufern hoch und schlagen stachelig tiefe Wurzeln. Jahr für Jahr muss ich sie mit einem schmalen Spaten aus dem Boden pulen. Eine Sisyphosarbeit. Sisyphos steht in der griechischen Mythologie für grausame, nutzlose Arbeit. Darüber wird noch zu sprechen sein.

Das Kraut des Bösen
Ambrosia artemisiifolia

Man liest ja viel in der Zeitung, und was die Gartennachbarn nicht so alles erzählen. Bei uns gibt es das nicht, dachte ich immer. Aber ich irrte. Da wuchs doch tatsächlich ein merkwürdiges Kraut, das ich noch nie gesehen hatte.

1860 wurde auf einem Kartoffelacker bei Hamburg erstmals *Ambrosia artemisiifolia L.* entdeckt. Der Botaniker Carl von Linné hatte die Beifuß-Ambrosie als Erster klassifiziert. Ursprünglich war die Pflanze in Nordamerika heimisch; die Indianer nutzten sie als entzündungshemmendes Heilkraut. Das Unkraut ist ein *Warmkeimer*, Frost ist ihm abträglich, deshalb konnte es sich zunächst bei uns nicht nennenswert vermehren. Seit 1990 tritt es aber zunehmend auf. Das hängt wohl mit der Klimaveränderung oder gar mit einer genetischen Mutation zusammen, die das Gewächs frostunempfindlich macht. Mittlerweile kommt es in Süd- und Ostdeutschland massenhaft vor. Die Engländer nennen es *Ragweed*, Fetzenkraut, und zerfetzt sehen die Blätter auch aus. Die Beifuß-Ambrosie wird bis zu 1,50 Meter hoch, sie liebt mit Schotter bedeckte Böden, sprich *Ruderalflächen*, vor allem aber Gärten, Straßenränder, Wiesen und Felder.

Nun ja, werden Sie sagen, wo liegt das Problem? Das hat die Beifuß-Ambrosie doch mit vielen Wildkräutern gemein. Das Bayerische Staatsministerium für Gesundheit und Pflege hat einen gut 80-seitigen Erfahrungsbericht zu dem Wildkraut herausgegeben. Das Gesundheitsministerium? Ja, denn die Gesundheitskosten, die das Wildkraut verursacht, werden allein in Deutschland auf bis zu 47 Millionen Euro geschätzt, mit steigender Tendenz. Welche Leiden die Beifuß-Ambrosie, dieser »Schrecken der Allergiker«, verursacht, entzieht sich hingegen jeder Berechnung. Gut 40 Prozent aller Allergiker reagieren auf die Pollen der Beifuß-Ambrosie. In Frankreich und Italien rechnet man damit, dass zwölf Prozent der Bevölkerung bereits durch Ambrosien zu Allergikern geworden sind. Bindehautentzündung und Heuschnupfen (*Rhinitis*) treiben sie in die Praxen der Allergologen. Damit einem Allergiker die Luft wegbleibt und ihm die Augen triefen, müssen mindestens 50 Pollen in einem Kubikmeter Luft sein. Von der Ambrosie reichen schon drei – und los geht's. *Asthmaplant* wird das Kraut in Australien genannt. Weltweit gelten die Pollen der Ambrosien als die potentesten Allergene überhaupt. Wenn Sie ein Bild der Pollen sehen, wissen Sie sofort, womit Sie es zu tun haben. Sie sehen aus wie Kugelbomben im Nanoformat.

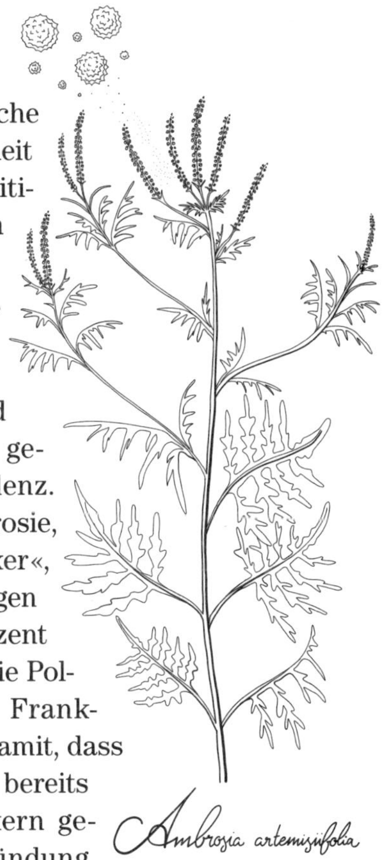

Eine einzige blühende Pflanze produziert eine Milliarde Pollen, jede nur zwei Tausendstel Millimeter groß. Und das Gemeine: Anfang August, wenn die meisten Allergiker aufatmen, weil keine Gräser, Birken oder Haselnusssträucher mehr blühen, genau dann fangen die Ambrosien an, ihre Pollen auszusenden, bis hinein in den Oktober, bis zu den ersten Frösten.

Ambrosia artemisiifolia ist jedoch nicht nur gesundheitsschädlich. Es schädigt auch die Landwirtschaft, kann ganze Weiden und Kulturen ruinieren. Eine einzige Pflanze produziert zwischen 3000 und 4000 Samen pro Jahr. Wie aber kommt dieser Feind in den Garten? Sie selbst holen ihn sich auf Ihren Grund und Boden. Oder haben Sie kein Vogelhäuschen, füttern Sie nicht Amsel, Drossel, Fink und Star durch den Winter? Vogelfutterplätze sind die Nummer eins bei der Verbreitung von Ambrosien. Man hat ermittelt, dass jede dritte Vogelfutterpackung mit ihren Samen kontaminiert ist. »Sobald der Samen zu Boden fällt, ist der Standort verseucht«, heißt es in einem Merkblatt.

Wenn Invasionsarmeen nicht gerade aus der Luft kommen, rücken sie am besten und schnellsten über gut ausgebaute Straßen vor. So auch die Beifuß-Ambrosien-Armee. Futtermittel- und Saatguttransporte über Autobahnen und Landstraßen sorgen dafür, dass sich Einheiten entlang der Straßen festsetzen. Dies ist die zweithäufigste Verbreitungsart nach dem Vogelfutter.

Wie den Feind ausrotten? Ja, ausrotten! Im Kampf gegen die Ambrosien sei die erste Gegenmaßnahme

»Aufklärung der Bevölkerung«, heißt es in amtlichen Blättern. Jeder Bürger ein Späher, ein Vorposten im Kampf gegen das Kraut des Bösen. Wer auch nur eine einzige Pflanze entdeckt, soll sie sofort den Behörden melden, möglichst mit GPS-Daten. In der Schweiz besteht Meldepflicht, in Deutschland ist die Meldung freiwillig. Noch. Im Internet gibt es dafür aber bereits Meldebögen und die kostenlose App *SMARTER Ambrosia Reporter*. Haben Sie weniger als hundert Pflanzen auf Ihrem Terrain entdeckt, dann heißt es: selbst ausreißen. Bei mehr als hundert Pflanzen, die Sie an einem Weg, einer Straße, auf einer Freifläche, auf einem Acker ausmachen, müssen die zuständigen Behörden sich um die Ausrottung kümmern.

Doch das ist einfacher gesagt als getan. Immerhin kann man Ambrosien leicht ausreißen, da sie *Flachwurzler* sind. Aber VORSICHT! Dabei unbedingt einen Kampfanzug tragen: Vor der Blüte Anfang August reichen Handschuhe, denn die Blätter können, wie bei der Brennnessel oder dem Bärenklau, zu Hautirritationen, Nesselausschlag und Quaddelbildung führen. Wenn die Ambrosien schon blühen, im Keller oder auf dem Boden nachsehen, ob Sie noch eine Gasmaske aus dem Zweiten Weltkrieg oder vom Zivilschutz finden. Ansonsten tun es auch eine handelsübliche Feinstaubmaske und eine Chlor- oder Taucherbrille. (Sollte sich ein Nachbar wundern, rufen Sie ihm zu: »Hallo, Nachbar, Garten ist Krieg.«) Zu entsorgen sind die Pflanzen in einer Plastiktüte im Müll, aber nur, wenn dieser verbrannt wird! Niemals auf dem Kompost. Denn die Samen sind 40 Jahre lang keimfähig.

Wie führen die Profis ihren Kreuzzug gegen das Teufelskraut? Was unternehmen die Straßenmeistereien, die Forst- und Landwirte? Nur eine einzige samende Pflanze kann eine ganze Region verseuchen. Das kann dazu führen, dass Bauern ihre Felder nicht mehr abernten dürfen, um den Samen nicht zu verbreiten. Die späte Entwicklung der Pflanzen macht es schwer, sie mechanisch und chemisch zu bekämpfen. An erster Stelle steht deshalb die »Bioversiegelung durch Graseinsaat«. Das Gras soll die lichtbedürftigen Ambrosien nicht hochkommen lassen. In jedem Fall muss vor der Blüte tief gemäht und die Mahd alle zwei, drei Wochen wiederholt werden. Straßenmeistereien setzen auch Heißschaum ein. Im Garten können Sie das Problem buchstäblich in den Griff bekommen, bei den Landwirten aber heißt es: »Einmal Ambrosia, immer Ambrosia.« Und das, obwohl die Landwirtschaftskammern ein ganzes Arsenal an chemischen Kampfmitteln benennen können. Wenn dabei immer wieder Ultra-*Glyphosat* auftaucht, dann sagt das schon aus, mit was für einem Feind Sie es zu tun haben.

Aber wie heißt es bereits sinngemäß bei Clausewitz: »Der Feind meines Feindes ist mein Freund.« Das sagte sich auch der deutsche Generalstab und transportierte Wladimir Iljitsch Lenin und 19 seiner Genossen im April 1917 in einem verplombten Eisenbahnwagen von Zürich nach Sankt Petersburg. Sie zettelten die bolschewistische Revolution an und schwächten den zaristischen Feind des Deutschen Kaiserreiches. Die weltgeschichtlichen Folgen sind bekannt. Auch heute sollte man sorgfältig überlegen, ob der Feind des Feindes wirklich ein Freund ist, ob sich nicht die Waffen, die man ihm vielleicht liefert, eines Tages gegen einen selbst richten. Und deshalb ist es verboten, Tiere und Pflanzen, die nicht einheimisch sind, genmanipuliert gar, ohne strengste Prüfungen in die Natur zu entlassen. Aber, Gott sei Dank, landete wohl schon vor 2014 ein blinder Passagier ohne langwierige Prüfung und ohne amtliche Genehmigung auf dem Mailänder Flughafen Malpensa: *Ophraella communa*, der Ambrosia-Blattkäfer. Der vier Millimeter große Blattfresser ist in Nordamerika heimisch. Inzwischen hat er bereits Norditalien und die Südschweiz erobert und macht sich dort über die Beifuß-Ambrosien her. Er scheint *monophag* zu sein, er vertilgt ausschließlich das Kraut des Bösen. Hoffen wir, dass er nicht durch irgendeine natürliche Genmutation auf einen anderen Geschmack kommt.

Und was können Sie machen? Augen auf – ausreißen – melden. Mit dem Kraut ist nicht zu spaßen.

Kletten-Labkraut
Galium aparine

Auf einmal haben Sie auf dem nackten Beet eine grüne Rosette. Meist aber sieht man das Kletten-Labkraut erst, wenn es schon Stauden überwuchert oder sich den Zaun bis zu 1,5 Meter hochgehangelt hat.

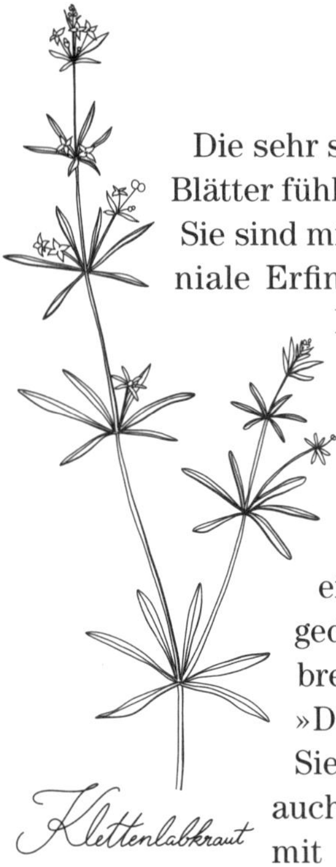

Die sehr schmalen bis zu acht Millimeter langen Blätter fühlen sich so rau an wie eine Katzenzunge. Sie sind mit kleinen Kletthaken behaart – eine geniale Erfindung der Natur und Vorlage für den Klettverschluss. Mit seinen Haken klimmt das Kraut an anderen Pflanzen hoch oder am Zaun, wo es dann zum wilden Gestrüpp werden kann. Das Kletten-Labkraut besiedelt am liebsten Brachflächen (*Ruderalflächen*) und ist ein *Stickstoffzeiger*. Sie haben also gut gedüngt, wenn sich das Unkraut bei Ihnen breitmacht. Aber wie kommt es zu Ihnen? »Der hängt wie eine Klette an mir«, sagen Sie bei Gelegenheit. Das Kraut tut dies auch, denn auch die Samen haben Haken, mit denen sie sich in Tierfelle und Menschenkleidung hängen – und schon haben Sie den Salat.

Und schon höre ich den Chor der Wildkräuterfans: Aus den Blättern könne man Frühlingssaft pressen für Suppen, Fonds und Vitamingetränke. Überhaupt scheinen sich die Blätter für so ziemlich alles zu eignen. Sie sollen »salatig schmecken«, störend seien nur die Kletthaare. Das aber kann einen Wildkräuterfan nicht erschüttern, er dünstet sie einfach, bis sie weich sind.

Die Schäfer haben die Pflanze früher genutzt, um aus der Milch Käse zu machen, wenn sie gerade kein Lab aus dem Magen von Kälbern, Lämmchen oder Zicklein hatten. Wie das Enzym aus dem Magen der

Wiederkäuer spaltet auch das Kletten-Labkraut das Milcheiweiß in Kasein. Fertig ist der Frischkäse.

Nun sind wir schon seit gut 5777 Jahren (nach dem jüdischen Kalender) aus dem Paradies vertrieben, und wer weiß, was uns noch blüht. Da ist es gut zu wissen, dass das Kletten-Labkraut wie der Kaffeestrauch zu den Rötegewächsen gehört. Sie können also den Samen rösten, mahlen und als Kaffee aufbrühen.

Klee
Trifolium

Wenn Sie Glück haben, hat das Dreiblatt, der Klee, nicht drei, sondern vier Blätter. Auf 10 000 Pflanzen kommt nur eine vierblättrige. Eher werden Sie von einer Biene gestochen, wenn Sie nackten Fußes über Ihren Rasen laufen, als dass Sie einen Glücksklee finden, denn Klee ist eine beliebte Bienenweide. Der Exzellenzartikel Klee in Wikipedia listet 234 verschiedene Arten auf. Mir reichen zwei in unserem Rasen. Denn die Blüten des Weißklees (*Trifolium repens*) oder des Rotklees (*Trifolium pratense*) sind hübsch anzusehen. Wie man den süßen Honig aus den Blüten saugen kann oder Hummeln vom Klee wegfängt und in den geschlossenen Händen brummen lässt, sind unvergessliche Kindheitserlebnisse, die ich gerne an die nächste Generation weitergebe. (Aber Vorsicht,

Weißklee

nicht quetschen, denn auch Hummeln können stechen!) Bis zu 0,08 Mikroliter Nektar enthält eine Blüte mit einer Zuckerkonzentration bis zu 65 Prozent. Und jedes *Blütenkörbchen* hat gut 100 Blüten. Da weiß man, warum der Klee so von Bienen umschwirrt ist und man nicht barfuß über Rasen mit Klee laufen sollte.

Klee ist eine gute Futterpflanze. 16 Kleearten werden weltweit in der Landwirtschaft angebaut, zum Abweiden, als Trockenfutter oder als Silage. Eine Besonderheit macht Klee sogar zu einem Bodenverbesserer: In seinen Wurzelknöllchen leben Bakterien in *Symbiose* mit ihm, die Bakterien saugen Stickstoff aus der Luft und reichern damit den Boden an. Der Bauer muss also seine Wiesen weniger düngen, und auch der Gärtner kann ihn auf Beeten als Gründünger aussäen und später untergraben.

Da wir aber keine Kuh und keine Schafe im Garten halten, deren Milch durch Klee und andere Kräuter würziger werden würde, gehört der Klee im Rasen zu den Unkräutern. Mit dem Gänseblümchen, dem Breitwegerich und dem Löwenzahn zu den richtig gemeinen. Denn auch er ist ein *Kriechpionier* mit 50 Zentimeter langen Ausläufern und er wurzelt bis zu 70 Zentimeter tief. Klee liebt die *Rasengesell-*

schaft, sagen die Pflanzensoziologen. Er liebt sie sogar so sehr, dass er ganz schnell alle Gräser verdrängt. Daher tröstet es Sie wahrscheinlich nicht, dass Sie seine Triebe und Blätter in Frühjahrssuppen verwenden können, in Hackkräutermischungen und Salaten mit Blüten als schöner Deko. Es ist also an Ihnen zu entscheiden, ob Sie das Dreiblatt bekriegen. Was gegen die anderen Rasenunkräuter hilft, hilft auch gegen Klee. So einfach ist das.

Und dann gibt es noch Klees wie den Hornklee (*Lotus*) mit seinen kleinen gelben Blüten, der gern Gartenwege und Beete besiedelt. Ich mag ihn. Und wenn man ihn nicht mag? Kein Problem, ein Griff und er ist raus oder weggejätet.

Moos

Als Pleasureground bezeichnen die Engländer ihren Rasen am Haus und im Garten. Kann man es schöner benennen? Der Gartenfürst von Pückler-Muskau, der den Deutschen beibrachte, was ein Park und ein Garten ist (natürlich am englischen Vorbild orientiert), lehrte sie zudem, wie man einen Rasen anlegt und kultiviert. Natürlich hatte er viel Moos, also Geld, sprich billige Tagelöhner. Aber auch er kannte und empfahl schon Rollrasen. Seine Rasenpflege-Grundregel lautete: immer gut wässern und düngen und mähen, mähen, mähen, damit Unkräuter gar nicht erst hochkommen. Und dann noch das englische Finish: »Gleich nach dem Mähen wird das kurze, oft nur staubartige Gras abgeharkt und hierauf der Rasen mit langen und scharfen Besen regelmäßig auf- und abgekehrt, bis er so rein wie eine Stube ist.« Genau so wie bei Fürst Pückler sieht es bei unserem Gartennachbarn aus. Bei ihm ist keine Spur von Moos im Rasen, obwohl er nicht weniger Schatten hat als wir.

Gehen wir einmal gut 450 Millionen Jahre zurück. »Dann sprach Gott: Das Wasser unterhalb des Himmels sammle sich an einem Ort, damit das Trockene sichtbar werde. So geschah es. Das Trockene nannte Gott Land und das angesammelte Wasser nannte er Meer. Und Gott sah, dass es gut war.« So steht's im Schöpfungsbericht (Mose 1). Als er am dritten Tag sprach: »Das Land lasse junges Grün wachsen«, begann aber das Problem. Denn es versamten sich nicht nur Regel-Saatgut-Mischungen (RSM) für Rasen, aus den Meeresalgen bildeten sich in der Gezeitenzone auch Moose. Im Rasen haben die Botaniker hauptsächlich die Laubmoosart Sparriges Kranzmoos ausgemacht, *Rhytidiadelphus squarrosus*. Moose sind konkurrenzschwach, sie finden ihre Nischen im Schatten, wo Gras nicht hinwill. Und welcher Gärtner möchte nicht auch ein schattiges Plätzchen auf seinem Rasen?

Für Rasen im Schattenbereich empfiehlt sich die Regel-Saatgut-Mischung 8.4 mit einem hohen Anteil an *Poa supina* (Lägerrispe). Dann ist regelmäßig das ganze Rasen-Pflege-und-Erhalt-Programm durchzuziehen, das überall empfohlen wird: Moos ausharken, vertikutieren, sanden, düngen, mähen. Und wenn der pH-Wert des Bodens unter 6 liegt, wird auch zum Kalken geraten. Aber, wo Schatten ist, ist nun mal kein Licht. Da hilft das ganze Ratgeberprogramm nicht, das Moos kommt wieder. Was ist mit Chemie? Von Mitteln mit dem giftigen *Eisen(II)-sulfat* wird zu Recht abgeraten. Gute Erfahrungen habe ich mit zugelassenen *Herbiziden* gemacht, die *Pelargonsäure* enthalten. Es kommt in einer Storchschnabelart vor, ist danach benannt und echt Bio.

Ganz los wird man das Moos allerdings nie. Deshalb halte auch ich mich mittlerweile an Fürst Pückler. Er befand, es sei ein »Vorurtheil alles Moos im Rasen vertilgen zu wollen. Viele Arten bilden oft im Schatten der Bäume, wo es kein Gras aushält, von selbst einen Teppich, der an Weiche dem Sammet gleich kömmt, und an Frische den Rasen fast noch übertrifft.« Und daher legte er sich »ein sehr anmuthiges Plätzchen dieser Art« an. So etwas habe ich jetzt auch: ein Paradies aus Schatten mit Moos unter der Hängematte.

Aber was ist mit Moos auf Terrassen und Steinwegen, werden Sie jetzt fragen? Ganz einfach: Dagegen spritzen Sie am besten Wasser mit 100 Gramm Essigsäure pro Liter.

Ungräser

Sieht aus wie Gras. Ist auch welches: Süßgras. Ob die Kriech-Quecke oder das Einjährige Rispengras – Sie wollen es nicht haben, aber danach fragt es Sie nicht.

Die Kriech-Quecke (*Elymus repens*), auch Gemeine Quecke genannt, gilt in der Landwirtschaft als das Ackerunkraut schlechthin. Da es schwer mechanisch zu bekämpfen ist, greifen viele Bauern gern zu Totalherbiziden. Andererseits leben Bauern auch von der Quecke und bauen sie als Power-Futtermittel an. Denn die unterirdischen Triebe enthalten fast 50 Prozent Zucker, daneben Vitamin C und Karotin. Manch einer kultiviert sie auch als Zutat für Salate und Suppen oder zum Brennen von Alkohol. Dafür können Sie es als Gärtner auch verwenden. Aber wollen Sie das trittfeste Gras ernsthaft vom Weg ernten, wo es gern wächst? Wollen Sie, dass es zwischen Ihren Stauden hochschießt oder dass es die Unkraut-Stopp-Folie unter Ihrer Terrasse durchbohrt?

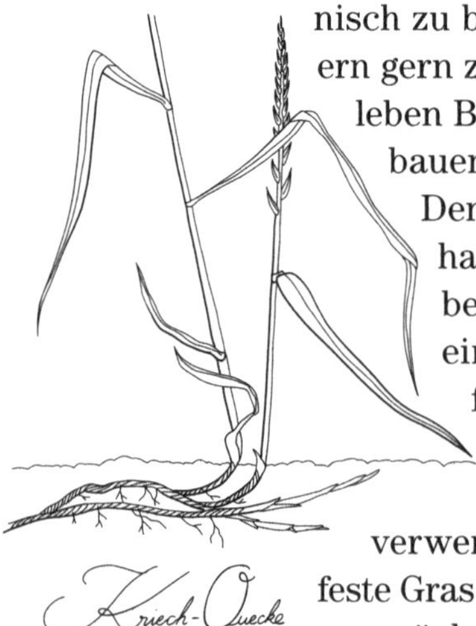

Quecke kommt vom althochdeutschen *queck*, was so viel heißt wie »zählebig«. Und das ist sie auch. Beim botanischen Zusatz *repens* weiß man gleich, wie die Verbreitungsstrategie der Quecke aussieht:

Einjähriges Rispengras

Die Pflanze kriecht. Und sie kriecht nicht etwa sichtbar, sondern unterirdisch, mit spitzen Ausläufern, die Holz und sogar Asphalt durchdringen können. Nur eine einzige Pflanze kann mit ihrem *Rhizom* in einem Jahr zehn Quadratmeter besetzen. Und wenn das passiert ist, geht der Krieg los. Wer nicht zur chemischen Keule greifen will, hat viel, viel Arbeit. Nur so viel: Wenn Sie – wie beim Giersch oder der Zaunwinde – kleine Wurzelstücke übersehen oder verschleppen, steht das nächste Gefecht an.

Die gefährlichsten unter den Terroristen sind die Schläfer. Sie warten, bis sie zuschlagen, vorher verhalten sie sich nett wie du und ich. Das Einjährige Rispengras (*Poa annua*) ist so ein Schläfer. Es kann sich gut in der Rasengesellschaft unter all den anderen Grassorten der Regel-Saatgut-Mischungen, bei Geschwistern wie *Poa pratensis* oder *Poa supina* verstecken. Aber wehe, Sie mähen nicht rechtzeitig und lassen auch das Einjährige Rispengras blühen und samen. Dann haben Sie es schnell überall. Es ist sogar ein Winterblüher. Eine Theorie besagt, das Einjährige Rispengras sei schon in der Eiszeit aus einer nordisch-alpinen und einer Mittelmeerart entstanden. Heute ist es ein Kosmopolit und wächst sogar in der Antarktis. Das darf es von mir aus. Aber nicht in meinem Garten.

Bärenklau
Heracleum

Ach, hätte ich doch einen größeren Garten! Dann müsste darin der Wiesen-Bärenklau stehen (*Heracleum sphondylium*). Oder noch besser der Riesen-Bärenklau, die Herkulesstaude (*Heracleum mantegazzianum*). Die wird nicht nur bis zu 1,60 Meter hoch wie der Wiesen-Bärenklau, sondern über drei Meter. Und ihre weißen Blüten leuchten in tellergroßen Dolden, sie sind ein grandioser Landeplatz für Bienen und Käfer und alles, was sonst noch Honig mag. Ein wunderschönes Naturschauspiel. Wir hatten lange Zeit einen Riesen-Bärenklau im Vorgarten. Dann musste er weg. »Ist giftig.« Alles, was irgendwie giftig war, wurde im Viertel ausgemerzt. Ansage der besorgten Grundschulelternschaft.

Haben Sie noch gelernt, was giftig ist? Ich schon. Als Kind lässt man dann die Finger davon. Oder man weiß, wie köstlich die roten Beeren des *Taxus baccata*, der Eibe, sind. Selbstverständlich die giftigen Kerne ausspucken und nicht die Nadeln essen! Sind die Kinder überfordert, das zu lernen, oder sind es die Eltern, die sich sonst so naturnah geben?

Ja, man sollte den Riesen-Bärenklau, die Giftpflanze des Jahres 2008, nicht anfassen, weder die Blätter noch den Stängel noch die Nesselhaare. Der austretende Saft ist *phototoxisch*, er kann auf der Haut – zumal bei Sonnenbestrahlung – zu schmerzhaften Verbrennungen führen. Also, wenn sich der Kontakt nicht vermeiden lässt, ist es ratsam, Schutzkleidung zu tragen!

Der Wiesen-Bärenklau ist einheimisch, der Riesen-Bärenklau kommt aus dem Kaukasus; politisch ist das heute Südrussland, Aserbaidschan, Georgien, Armenien. Im 19. Jahrhundert, als er dort entdeckt wurde, wurde er bei uns als willkommener Neubürger (*Neophyt*) eingeführt. Imker und Förster schätzten ihn und sorgten für seine Verbreitung in der Landschaft. Heute ist er unerwünscht. Er hat sich zu stark breitgemacht, er bildet große Bestände und verdrängt die Vegetation. Daher ist er unter den invasiven *Neophyten* gelistet und wird mit viel Emotion als »Killer des Sommers« bekämpft. Aber hätte ich einen großen Garten ... Natürlich würde ich die Samen, bevor sie reif sind, wie gefordert abnehmen und sie vorschriftsmäßig entsorgen.

Vogelfutter

Zu den Unkräutern, die Vögel mögen, gehört der Vogelknöterich, der Name verrät es schon. Die genaue wissenschaftliche Bezeichnung lautet *Polygonum aviculare agg.* Das *agg.* am wissenschaftlichen Namen steht für *Aggregatum*, für eine Artengruppe mit schwer zu unterscheidenden Kleinarten. Da sich die Artenbestimmer (*Taxonomen*) unter den Botanikern nicht immer einig sind, wer wo dazugehört, machen sie diesen Zusatz. Dem Gärtner kann es schnurz sein, zu welcher »Kleingruppe« dieses oder jenes gehört, das da auf dem Weg oder zwischen den Fugen wächst. Nur weg damit.

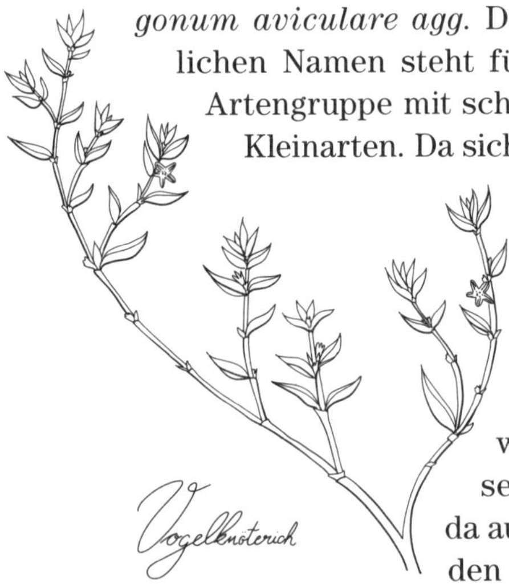

Auch der Vogelknöterich ist eine *Pionierpflanze*, er verbreitet sich im Garten vor allem auf Wegen, gern in Pflasterritzen und auf Brachstellen. Selbst rohe Stein- und Sandböden mag er, weshalb er auch Weggras genannt wird. Seine flachen Ausläufer sind bis zu 60 Zentimeter lang, extrem trittfest und sehr tiefwurzelnd. Die rarer werdenden Sperlinge mögen Vogelknöterich besonders. Ich nicht. Da muss man

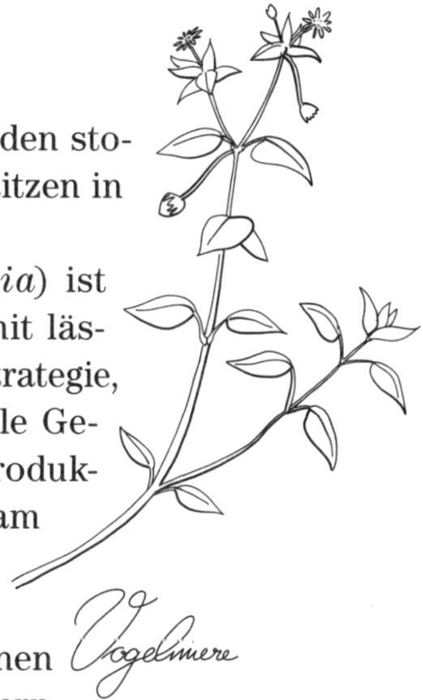

den Unkrautstecher tief in den Boden stoßen. Aber wie soll das zwischen Ritzen in Plattenwegen funktionieren?

Die Vogelmiere (*Stellaria media*) ist eines der erfolgreichsten und damit lästigsten Unkräuter, aufgrund einer Strategie, die viele Unkräuter haben: schnelle Generationsfolge und hohe Samenproduktion. Die Vogelmiere hält Sie also am Hacken. Dreimal im Jahr treibt sie aus, jede Pflanze produziert bis zu 15 000 Samen. Auch sie hat einen sprechenden Namen: *Stellaria* (Sternmiere). Einerseits mögen die Vögel die Samen, andererseits hat sie kleine, hell leuchtende Sternblüten. Wer mag, kann die Stern-Vogelmiere sogar ganzjährig als Wildgemüse und Salat anbauen. Geschmackssache.

Aber wie das mit manchen Unkräutern so ist, es gibt nicht nur die Alternative verspeisen oder bekämpfen. Die Vogelmiere hat auch ökologisch einen Nutzen, da sie schnell regelrechte Teppiche bildet. In Weinbergen zwischen den Reben und in Gärten auf Brachflächen verhindert sie im Sommer, dass der Boden austrocknet, im Winter schützt sie vor Kälte. Unkraut ist eben nicht nur eine Frage des Standorts, sondern auch des Nutzens. Aber ein schönes Unkraut ist die Vogelmiere nicht. Andere Unkräuter dagegen schon.

Kommt von selbst, müssen Sie nicht kaufen

Kennen Sie die populäre Frage: »Ist das Kunst oder kann das weg?« Kunst im Garten ist so eine Sache. Dort stellt sich erst einmal ganz gärtnerisch die Frage: Ist das Unkraut oder darf es bleiben? Vieles, was Sie als Unkraut ausrupfen, bekommen Sie auch für gutes Geld im Gartencenter. Dort zwar nicht unbedingt in Wildform, dafür hochgezüchtet und in vielen Variationen. Manchmal lohnt es sich also, genauer hinzusehen und abzuwarten, ehe man im Garten die Hacke ansetzt. Könnte ja eine beeindruckende Königskerze werden (*Verbascum*), die selbst einen Dirk Nowitzki überragt. Oder das Gefleckte Lungenkraut, *Pulmonaria officinalis*, eine Heilpflanze aus der Apotheke Gottes gegen Lungenkrankheiten. Das Lungenkraut blüht sehr früh im Jahr und hat schön gefleckte Blätter. Es verbreitet sich ohne Ihr Zutun über Samen und es ist mit seinen kriechenden *Rhizomen* ein toller Bodendecker. Hummeln lieben das Lungenkraut. Sie werden sicher nicht gleich zum Mörser greifen, aber sollten Sie die Raublatt-

pflanze tatsächlich ausrupfen wollen: ACHTUNG, vor allem die Pflanzenstängel sind bös behaart!

Es gibt wunderbare Wolfsmilcharten, anspruchslos und immergrün. Die Garten-Wolfsmilch (*Euphorbia peplus*), die sich wie verrückt versät, ist nicht mein Fall. Aber den einheimischen Gewöhnlichen Reiherschnabel (*Erodium cicutarium*) mit seinen rosa und lila Blüten lasse ich hier und dort stehen, insbesondere zwischen den Geranium-Arten aus aller Welt.

Auf andere Zuwanderer warte ich noch: Welcome! Den Guten Heinrich (*Blitum bonus-henricus*) hat die gehobene Küche wiederentdeckt. Zu den wilden Schönheiten, die die Gartenbotanik vielfältiger machen, gehören die mit ihren Dornen sehr wehrhaften Disteln, die Ackerdistel (*Cirsium arvense*), die Kratzdistel (*Cirsium vulgare*) oder die Bienen-Kugeldistel (*Echinops sphaerocephalus*). Bei mir ist im Alphabet das letzte erwünschte Kraut das Wiesen-Schaumkraut (*Cardamine pratensis*). Es bevorzugt aber lieber magere Wiesen und nicht meinen alle paar Wochen gedüngten Rasen.

Auch auf den Spitzwegerich (*Plantago lanceolata*) warte ich noch, nicht als Wildkraut, denn das wird selbst »vom wildkrautgewohnten Gaumen eher als bitter erlebt«. Er bekäme einen Sonderplatz, denn er würde gut zu Dürers Aquarell »Das große Rasenstück« (1503) passen, eine Wiese, wie man sie eigentlich haben möchte, um sich reinzulegen und auf einem Grashalm kauend verträumt in den blauen Himmel zu schauen. Apropos Gras, ich bin immer noch nicht dazu gekommen, Hanf (*Cannabis*) anzubauen, natürlich nur für den Eigenbedarf. Denn noch steht ja der Kampf gegen die anderen Feinde des Gärtners an.

II DAS BUCH DER SCHÄDLINGE UND IHRER FEINDE

Der schlimmste Feind des Gärtners hat nur einen Fuß, andere kommen auf vier Beinen. So oder so, da hört der Spaß auf. Um dreierlei geht es nach Clausewitz im Krieg, im gerechten Krieg wohlgemerkt:

um die Vernichtung der Gegner,
um die Verteidigung des Orts,
um die Verteidigung eines Gegenstandes.

Der Gärtner ist also ein defensiver Krieger, der seine Pflanzen und seinen Garten verteidigt. Und Clausewitz rät ihm noch: »Gewalt schließt den Gebrauch von Intelligenz nicht aus.« Aber manchmal ist es eben nicht so einfach, Feind und Freund zu unterscheiden. Zumal der Feind meines Feindes auch mein Freund sein kann.

Bauchfüßer
Gastropoda

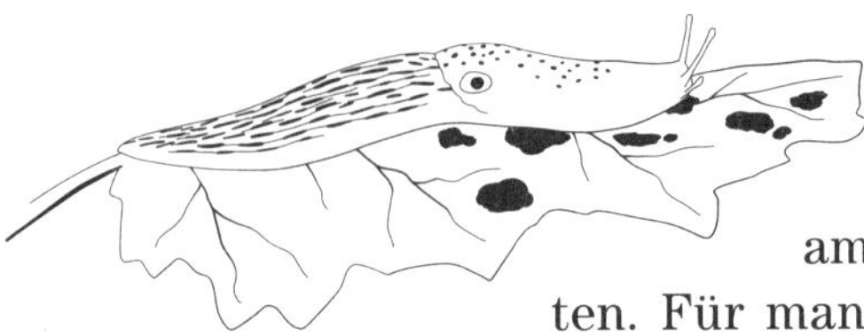

Genetzte Ackerschnecke

Wir haben ein Extrabeet für Hostas mit immerhin 17 der 4000 amtlich registrierten Sorten. Für manche interessante Neuzüchtung müssen wir richtig Geld auf den Tisch legen, und bis die Pflanzen üppig sind, dauert es zwei, drei Jahre. Aber herrlich, diese verschiedenen Grün-, Grau- und Blautöne! Manche Hostas haben auch Blätter mit weißen Rändern oder gelben Streifen. Und dann die weißen oder gar violetten Blütenstände. Theoretisch. In Wirklichkeit sieht das Beet fürchterlich aus. Die Blätter sind angefressen, ganze Streifen zwischen den Blattrippen fehlen. In kürzester Zeit bietet sich einem ein trauriger Anblick.

Der Top-Feind des Gärtners sind die Bauchfüßer (*Gastropoda*), mit Trivialnamen Schnecken genannt, diese gefräßigen nackten Schleimer, die mit ihren Raspelzungen fast alles wegfressen, was grünt, also Salat, Kräuter, Stauden, Blumen und Gemüse. Gehäuseschnecken wie die Baumschnirkelschnecke (*Arianta arbustorum*) sind mir allerdings heilig, erst recht die Weinbergschnecke (*Helix pomatia*), die unter Naturschutz steht. Doch bevor es zur Sache geht, muss ich Ihnen etwas gestehen: Ich habe einen Tigerschnegel (*Limax maximus*) auf dem Gewissen. Mir war nicht bekannt, dass es sich um das »Weichtier des Jahres 2005« handelte. Der Tigerschnegel ist, wie der Name besagt, wie ein Tiger gesprenkelt und wird bis zu 13 eindrucksvolle, um nicht zu sagen, beängstigende Zentimeter lang. Er liebt es, des Nachts andere Nacktschnecken oder welke und abgestorbene Blätter zu verspeisen. Grünzeug eher selten. Beim nächsten Mal also: Welcome! Ansonsten ist für mich Nacktschnecke gleich Nacktschnecke, da interessieren mich auch die verschiedenen Familien und ihre Arten nicht. Sei es eine Genetzte Ackerschnecke (*Deroceras reticulatum*) oder eine Spanische Wegschnecke (*Arion vulgaris*) – bei mir im Garten erwartet alle nur ein Schicksal.

Freunde des bioveganen »Peaceful gardening«, so der Titel eines Buches, sammeln sie ab und setzen sie an anderer Stelle wieder aus. RESPEKT! Aber beachten: mindestens 200 Meter weit wegtragen, erst dann verlören sie die Orientierung und fänden den Weg zu Ihren grünen Köstlichkeiten nicht mehr, heißt es. Und man solle ihnen auch ein Salatblatt als Proviant mitgeben. GUTES WERK! Aber bei den vielen Schnecken in unserem Garten müsste ich Tag für Tag viele Kilometer laufen.

Es geht auch anders. Eine Freundin hat sich für ein kleines Vermögen einen Schneckenzaun aus Zinkblech gekauft und ihr Salat- und Gemüsebeet zu einem Hochsicherheitsterrain ausgebaut. »Und«, fragte ich sie, »hilft's?« Nun ja, sie hatte nicht daran gedacht, dass noch ein paar innerhalb des Zauns herumschleimten.

Zur Kunst des Krieges gehört es nach Sunzi, »Köder auszulegen, um den Feind in Bewegung zu halten und ihn zu stellen«. So mach ich es und fahre immer gleich ein ganzes Arsenal von Ködern auf. Meine Hauptwaffe ist Schneckenkorn. Das gibt es mit unterschiedlichen Wirkstoffen. Der Wirkstoff *Metaldehyd* ist ein Nervengift, es lässt die nacht- und dämmerungsaktiven Schleimer ausschleimen. So trocknen sie gleich in der Nähe der Köder aus. Und Sie können am nächsten Tag die Kadaver zählen, die etwas grauslich umherliegen. Militärs nennen das Body Count. Enthalten die Köder *Eisen(III)-phosphat*, dauert es, bis das Gift wirkt. Die Schnecken können sich, für Sie unsichtbar, verkriechen. Ich zähle lieber. Ich habe lange die Schneckenköder bei den gefährdeten Pflanzen ausgelegt. Ein Fehler! Man muss das Korn und andere Köder abseits der Hostas und der von den Rasplern begehrten Pflanzen legen, um sie davon wegzulocken. Und noch ein Tipp: Bestellen Sie, um Geld zu sparen, gleich Großgebinde im Internet. Sie brauchen mehr von den blauen Körnern, als Sie denken. Vor allem, wenn es viel regnet.

Zu meinem Antischneckenarsenal gehören aber auch Bierfallen. Schnecken sind Komasäufer. Und gibt es einen schöneren Tod, als im Delirium zu ersaufen? Außerdem locke ich sie mit Kartoffelhälften an, auf die sie sich stürzen, oder lege Rhabarberblätter aus, unter denen sie sich tagsüber verkriechen. Vielen begegnet man in der Dämmerung, zumal wenn es geregnet hat. Und was machen Sie dann? Dann müssen Sie stark sein, an das viele Geld denken, das die Schleimer vertilgen, an den schönen Salat, das gesunde Gemüse, die prächtigen Dahlien, die *Hosta*-Varietäten – und los geht das Schneckenmassaker. Dabei ist alles erlaubt. Stumpfe Gewalt, scharfe Gewalt. Der Zweck heiligt die Schere, gesegnet sei der Spaten, freigesprochen der Gartenschuh. Sagen Sie sich einfach, Schnecken sind zu 85 Prozent Wasser, obwohl es sich bei den *Gastropoden*, den Bauchfüßern mit ihren Stielaugen, der entschleunigten Lebensart und dem vorbildlichen stundenlangen Liebesspiel, für sich betrachtet, ja um interessante Geschöpfe der Evolution handelt. Aber sie führen gegen den Gärtner nun einmal einen asymmetrischen Krieg. Daher erlaube ich mir im Kampf gegen diesen tierischen Gartenfeind Nummer 1 alle Mittel – da gibt es für mich keine Genfer Konvention. Und Gefangene werden auch nicht gemacht. Zumal einige von ihnen mit ihren weißen Gelegen mit Hunderten von Eiern unter Erdschollen, Steinen und im Kompost immer durch den Winter kommen. Und dann beginnt der Krieg im nächsten Jahr von Neuem. Kommen Sie mir jetzt nicht mit Laufenten. Als Schneckenkiller gehören diese eher in den Bereich Gartenfolklore. Und Igel werden auch überschätzt.

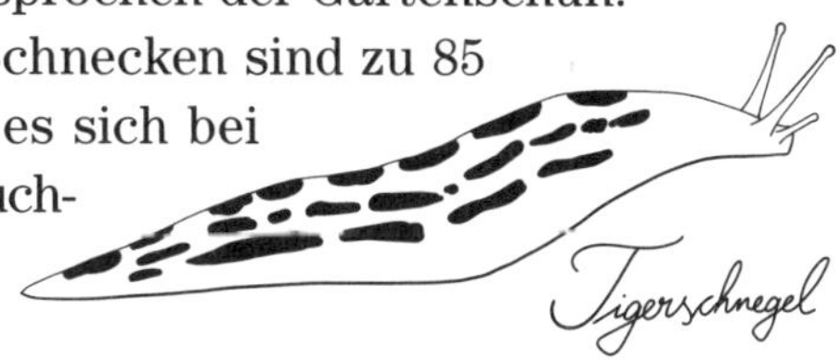

Erdkröte
Bufo bufo

Wer über den Kampf gegen Nacktschnecken schreibt, darf nicht über die Erdkröte schweigen, obwohl sie als das »hässlichste Geschöpf auf Erden gilt«. So steht's im immer noch lesenswerten Brehms Tierleben von 1924. Aber auch: »Keine Tierfamilie hat von alters her mehr unter dem Abscheu der Menschen zu leiden gehabt und keine ist unerbittlicher und *mit größerem Unrecht* verfolgt worden als die Kröten (*Bufinidae*).« Zu Unrecht deshalb, weil die Erdkröte ein *Gastropoden*-Killer ist, ein Feind der Nacktschnecken im Garten.

Letztes Jahr habe ich eine Erdkröte beim Umgraben ausgehoben – Gott sei Dank ohne sie zu verletzen –, dieses Jahr saß eine in der Dämmerung auf der Terrasse und glotzte mich aus ihren vorstehenden Augen mit den schmalen Sehschlitzen an. Dieses plumpe, warzige Reptil mit seinen kurzen Hinterbeinen muss man schon anstupsen, damit es sich bewegt. »Sie humpeln mehr, als sie hüpfen, schwimmen schlecht und erscheinen deshalb schwerfällig und träge, obwohl sie streng genommen weder das eine noch das andere sind.« Ja, sie sind giftig. Aber nur für Fressfeinde. Zwei Drüsen am Hinterkopf sondern einen Hautgift-Cocktail mit lähmend wirkendem *Bufotoxin* und mit *Bufotenin ab*, das leicht halluzinogen wirkt wie LSD. Muss ein schöner Tod sein für die Fressfeinde.

Die Erdkröte mit ihrem zahnlosen Breitmaul ist des Gärtners Freund, weil sie Feind seiner Feinde ist, vor allem der Nacktschnecken. »Der Verbrauch ist beträchtlich und die Tätigkeit dieser geschmähten Tiere deshalb für uns höchst ersprießlich.« Würmer und Insekten gehören nach Brehms Tierleben auch auf ihren Speiseplan. *Bufo bufo* lebt »in Gebüschen, Hecken, unter Steinhaufen, kurz da, wo sich ein Schlupfwinkel findet oder sie einen herstellen kann, denn sie gräbt Höhlen ins Erdreich«. Dort verstecken sie sich tagsüber oder halten Winterschlaf, nachts gehen sie auf Schneckenjagd.

Im April geht es im Garten unseres Nachbarn mit der Paarung los. Der Miniteich dort reicht ihnen als Ziel zum Laichen. Von Krötenwanderungen, Krötenzäunen und Krötentunneln haben Sie sicher schon gehört, vielleicht sogar das Warnschild »Amphibienwanderung« an Landstraßen gesehen. Zu Hunderten, ja zu Tausenden sind dann die Erdkröten aus ihrem Winterquartier zum nächsten Teich unterwegs. Ohne Krötenzaun werden da Straßen zum Todesstreifen. Auf der Krötenwanderung herrscht Männerüberschuss, heißt es. Deshalb krallen sich die Männchen so früh wie möglich ein Weibchen und lassen sich huckepack zu Wasser tragen. (Brehm wird ja vorgeworfen, er habe die Tiere bei seinen Beschreibungen vermenschlicht. Was hätte er wohl geschrieben, wenn er auch die Spezies Mensch beobachtet hätte?) Es gibt aber auch *Traditionslaicher* unter den Erdkröten, die nicht gerne wandern; sie bleiben, wie die in Nachbars Garten, ortstreu in der Nähe. Wie auch immer, sind sie am Wasser angekommen, seilen die Weibchen Eierschnüre ab, die von den Männchen besamt werden. Ihre Laichschnüre mit mehr als 3000 Eiern wickeln die Pärchen um Pflanzen. Nach mehreren Tagen schlüpfen dann Kaulquappen, nach zweieinhalb bis drei Monaten verwandeln sich diese Kiemenatmer in lungenatmende vierbeinige Landtiere. Es sei denn, ein Reiher beendet die beeindruckende Metamorphose von der Kaulquappe zur Kröte durch einen Besuch des Teiches. Reiher halten sich nämlich einfach nicht an das Bundesartenschutzgesetz § 7 Abs. 2 Nr. 13, das verbietet, Erdkröten zu fangen, zu verletzen oder zu töten. Aber Sie können Kröten laut Brehms Tierleben zähmen: »Gegenüber dem sie freundlich Behandelnden legen die Kröten nach und nach ihre Scheu fast gänzlich ab.« Auf einen Ruf oder einen Pfiff hin kämen sie sogar, um sich füttern zu lassen. Zum Zähmen haben Sie sehr viel Zeit, denn Kröten können zehn und mehr Jahre alt werden. Brehms Tierleben berichtet von einer Kröte, die in Gefangenschaft erst mit 36 Jahren bei einem Unfall ums Leben kam.

Die Erdkröte hat übrigens im Unterschied zum Frosch (*Rana*) keine Schallblase. Deshalb können die Männer nur mit einem heiseren »Öök, öök, öök« zur Paarung locken. Sollten Sie stattdessen ein kurzes, rasch hintereinander ausgestoßenes »Ük, ük, ük«

hören, so sind das »Befreiungsrufe« von Männchen, die von anderen Männchen irrtümlich umklammert werden. »Diese Lautäußerungen sind wesentlich häufiger zu hören als die eigentlichen Paarungsrufe«, heißt es im Wikipedia-Exzellenzartikel. Was sagt uns das jetzt?

»Die englischen Gärtner haben längst den großen Vorteil erkannt, den ihnen die unermüdlichen Tiere durch Wegfangen von allerlei Ungeziefer bringen, und kaufen die Kröten schockweise, um sie in ihren Gärten arbeiten zu lassen«, berichtete Brehms Tierleben seinerzeit. Gute Idee; ich sehe schon die Krötenhotels in den Gartenabteilungen der Baumärkte. Nach Wurmfarmen wird es demnächst sicher auch Krötenzuchtanstalten geben. Ich jedenfalls lasse Totholz, Laub und Gestrüpp in zwei Ecken unseres Gartens zurück für das »hässlichste Geschöpf auf Erden«, das so nützlich ist. Kröten sind meine Partisanen hinter der Front im Kampf gegen die Nacktschnecken.

Wildkaninchen
Oryctolagus cuniculus

Sie kamen aus dem nahen Grüngürtel. Denn immer nur Gras ist langweilig. Die Kleingärten wurden ihr Paradies. Sie buddelten sich unter den Zäunen durch oder sprangen einfach drüber und fraßen alles ab, was grünte. Karnickelplage. Da half nur der feinmaschige Kaninchenzaun: 120 Zentimeter hoch und 30 Zentimeter tief in die Erde eingegraben. Und das lückenlos um das ganze Grundstück herum. Als wir den Garten übernahmen, habe ich als Erstes das hässliche Drahtgeflecht ausgegraben, abgekniffen und entsorgt, denn eine Karnickelplage gab es nicht mehr bei uns, der Kaninchenpest (*Myxomatose*) sei Dank.

Das Karnickel, oder netter gesagt, das Wildkaninchen (*Oryctolagus cuniculus*) aus der Familie der Hasen (*Leporidae*), ist ja an sich ein putziges Tierchen. Sie kennen von Dürer nicht nur sein schönes Aquarell des Rasenstücks, Sie kennen auch seinen Feldhasen, das Langohr, fast vom Aussterben bedroht und nur noch zu Ostern in Schokolade massenhaft anzutreffen. Im Gegensatz zu ihm ist das Wildkaninchen ein Kurzohrhase. Es wird nackt geboren und ist ein Nesthocker. Ein Nachbar hält eines für seine Kinder in wandernder Bodenkäfighaltung. Die Magerkost des veganen Hoppels, Gras, ergänzt er mit Salat, Möhren und Blumenkohl.

Wildkaninchen

Wenn ein Wildkaninchen in den Garten eindringt, sind aber nicht nur die Salat- und Gemüsebeete bedroht, auch Stauden, für die Sie im Gartencenter gutes Geld lassen. Und es bleibt nicht bei einem Karnickel. Sie kommen in Rudeln, in der Dämmerung und nachts. Die ersten Siedler nahmen nach Australien ein paar Wildkaninchen mit. Sie sind leicht zu halten, geben gutes Fleisch ab und vermehren sich »wie die Karnickel«. Bis zu acht Nachkommen wirft ein Muttertier, und das gleich mehrmals im Jahr. Die Neutiere (*Neozoen*) in Australien wilderten aus und wurden zur nationalen Plage. Die Kaninchenpest wurde dort absichtlich eingeführt. Was zur Folge hatte, dass sich resistente Populationen bildeten. Mit genveränderten Virusstämmen müssen die Biologen jetzt nachrüsten. Dies ist jedoch kein kalter, es ist ein heißer Krieg. Dass Australien eine Insel ist, hat nichts mehr zu sagen. Das wissen Sie, regionale Konflikte werden heute schnell global.

Die Kaninchenpest wird durch ein Virus verursacht, das fast ausschließlich unter Haus- und Wildkaninchen wütet. Übertragen wird es durch Mücken und Flöhe und durch Kontakt von Karnickel zu Karnickel. Dann sitzen sie apathisch da, ohne Fluchtinstinkt. Unschön anzusehen; die Augenlider, Ohren und Lippen sind heftig angeschwollen. Nach spätestens 14 Tagen aber ist es dann aus. Die Sterblichkeitsrate durch *Myxomatose* liegt bei fast 100 Prozent. In diesem Fall können Sie den Hasenzaun demontieren, denn es dauert, bis sich bei den Wildkaninchen Resistenzen gegen das Virus herausbilden.

Neulich sah ich in der Dämmerung ein Wildkaninchen über den Gartenweg hoppeln. Geht es wieder los? Und was dann?

Mäuse
Mus musculus oder Microtus arvalis?

Es gibt zwei Arten von Menschen, jene, die sich vor Mäusen fürchten, und jene, die sie für niedlich halten. Zu Letzteren gehöre ich. Witzig anzusehen, wie sie immer wieder an der Buchsumrandung entlanglaufen, um dann wie der Blitz über die Freifläche des Weges in den Farn zu flitzen. Denn ihr Feind kommt meist von oben. Unter einem umgedrehten Topf finde ich ihren Wintervorrat an Haselnüssen. Sie nagen mit ihren Mäusezähnen die heruntergefallenen Äpfel und Quitten von der Mitte nach außen. Sollen sie. Als ich einen Nistkasten im Haselnussbusch reinige, springen mir zwei panisch um die Ohren: Sie haben sich aus Moos und Federn ein warmes Liebesnest für den Winter gebaut. Sie sind wahrlich putzig und sehr sozial. In ihren Nestgemeinschaften helfen sich die Weibchen gegenseitig beim Stillen. Den Lockgesang der Männchen, die wie Vögel singen, können wir leider nicht hören, sie singen in der Tonfrequenz Ultraschall.

Aber was genau läuft da durch unseren Garten? Sind es freilebende Hausmäuse (*Mus musculus*) oder Feldmäuse (*Microtus arvalis*)? Wie soll ich das bei den Flitzern feststellen? Am besten fange ich sie mit einer Lebendfalle. Der Schwanz macht den Unterschied: Bei der Hausmaus aus der Familie der Langschwanzmäuse (*Muridae*) sagt es schon der Name: Der Schwanz ist deutlich länger als die Hälfte des Körpers. Bei der Feldmaus aus der Familie der Wühler (*Cricetidae*) ist er deutlich kürzer als die Hälfte des Körpers. Die Schokolade in der Falle hat es unserer Maus angetan. So niedliche Knopfaugen, das seidige Fell aufgeplustert, ruhig der Dinge harrend, die da kommen. Es handelt sich um eine Hausmaus, einen Kulturfolger. Sie folgt einem eben auch in den Garten. Von Indien über den Vorderen Orient bis nach England verbreiteten sie sich mit dem Menschen. Die Römer brachten sie in ihren Schiffen auf die Insel; per Schiff sind sie weiter in alle Welt gelangt. Die Biologen unterscheiden noch einmal zwischen der Östlichen (*Mus musculus musculus*) und der Westlichen Hausmaus (*Mus musculus domesticus*), im Osten Schleswig-Holsteins vermischen sie sich.

Ob Feld- oder Hausmäuse: Beide sind Säugetiere mit einer *R-Strategie*, das heißt sie haben eine hohe Reproduktionsrate. Stimmt das Nahrungsangebot, vermehren sie sich rasant: Die Weibchen werden noch säugend wieder begattet. Gerade erst 14 Tage alt, sind die Töchter schon empfängnisbereit, bis zu achtmal im Jahr werfen sie mindestens ein halbes Dutzend nackte und blinde Säuger. Mäuse sind die

größten Schädlinge in Landwirtschaft und Gartenbau. Und eine Plage bei unserer Nachbarin. Ihr tanzen sie im Gartenhaus auf dem Kopf rum.

Was tun, wenn man sie loswerden will, tot oder lebendig? Wer sich langweilt, kann sich stundenlang im Internet die Konstruktion und Wirkungsweise von Mäusefallen und sogar regelrechte Hinrichtungen in Echtzeit ansehen. Nicht nur Militärs ersinnen geniale Tötungsinstrumente, auch Hobbygärtner. Was ist die grausamste Methode? Etwa die Mäuseguillotine? Sie tötet so kurz und so schmerzlos, um nicht zu sagen human, wie die, die in Paris zu Revolutionszeiten auf der Place de la Nation stand. Definitiv Tierquälerei war eine Massenfalle für Mühlenbetriebe. In ihr konnten bis zu zehn Mäuse auf einmal qualvoll ersäuft werden. Wenn, dann muss es superschnell gehen. Sie kennen sicher das legendäre Foto von Churchill, wie er das Victory-Zeichen für den Krieg gegen Nazideutschland macht. Kann es da ein Zufall sein, dass ein großes rotes V das Markenzeichen einer Schlagfalle ist und sie auch noch Victory heißt? In puncto Gift ist für Profibetriebe so ziemlich alles erlaubt. Was unseren Garten anbetrifft, habe ich nicht den Eindruck einer schädlichen Überpopulation. Aber unsere geplagte Gartennachbarin weiß: »Wo eine ist, sind zehn.«

Wie gesagt, ich habe keine Mäusephobie. Im ersten Jahr unserer näheren Bekanntschaft gab es in unserem Schuppen eigentlich nichts zu fressen. Aber natürlich ist es drinnen wärmer als draußen in irgendeinem unterirdischen Gangsystem. Pullover und

Frotteetücher wurden für den kuscheligen Nestbau zerpflückt. Und für die Mäusekinder schien das ein toller Spielplatz zu sein, auf dem sie sich austoben konnten. Die Folge: Alles war voller fieser Mäuseköttel und stinkender Mäusepisse. Was tun? Mäuse sind Allesfresser. Schon das Sprichwort sagt, mit Speck fängt man Mäuse. Ich nehme, wie gesagt, Schokolade oder Gummibärchen. Und prompt sitzt eine Maus in der Lebendfalle. Und darin halte ich sie erst mal auf Diät. Soll sie sich merken, »da gehen wir nicht mehr hin« und es ihrem Stamm sagen, wenn ich sie freilasse. Denn sie kommunizieren gut untereinander. Es hat mal geklappt, ein Jahr lang war der Schuppen frei von Mäusen. Aber wie konnte ich nur so naiv sein? Vom teuren Grassamen im angeblich dichten Schuppen waren im Frühjahr nur noch die Spelze übrig, die Tulpenzwiebeln waren angeknabbert, der Plastikverschluss des Olivenölkanisters zerfressen. Musste ich eben wieder eine Erziehungsmaßnahme starten. Als die Weihnachtstage vorbei waren, brauchte ich frische Luft und war ja auch neugierig, was sich im Garten so tut. Die Christrosen und die ersten wilden Primeln blühten. Aber dann traute ich meinen Augen nicht: ein Loch, zwei Löcher, 50 Löcher im Rasen. Von den Krokussen, die ich vor ein paar Wochen mühsam zum Verwildern versenkt hatte, war jede einzelne ausgebuddelt. Ich weiß, dass sie Zwiebeln besonders mögen. Kriegskonvention hin, Kriegskonvention her, heftigste Rachegefühle kamen in mir hoch. Soll ich sie wieder in der Lebendfalle hungern lassen? Sie in ihrem unterirdischen Bau, dessen Eingang ich kenne, vergasen? Sie mit einem Giftköder langsam innerlich verbluten lassen oder gleich mit Schlagfallen hinrichten? Muss ich gegen mein unerziehbares Gartentier zu allen Mitteln gleichzeitig greifen? Oder finden wir doch noch irgendwie zu einer Form der Koexistenz? Ich weiß es noch nicht. Um es aber gleich zu sagen, mit den Verwandten, den *Arvicola terrestris*, gibt es nur Krieg, Krieg bis hin zur Ausrottung.

Wühlmäuse
Arvicola terrestris

Wie kann das sein, die frisch eingepflanzte Rose wackelt, Tulpen fallen einfach so um, der Halbstamm einer Süßkirsche treibt im Frühjahr nicht aus? Sucht man nach der Ursache, findet man irgendwo ein Loch ohne den typischen Maulwurfshügel. Es ist der Eingang zu einem unterirdischen Wühlmauslabyrinth.

Unter Gartenfreunden wird sie schlicht Wühlmaus genannt, obwohl die Feldmaus auch zur Familie der Wühlmäuse gehört. Biologisch korrekt heißt sie Ostschermaus (*Arvicola terrestris*). Sie ist ein Gartenschädling allerersten Ranges. Im Gegensatz zum Maulwurf ist die Wühlmaus Vegetarier. Und genau das ist das Problem für uns Gärtner. Sie arbeitet voll und ganz unterirdisch, alles was Wurzeln und Zwiebeln hat, ist für sie Nahrung. Baumschulen, Rosenzüchter, Gartenbaubetriebe schädigt sie gewaltig und auch uns Freizeitgärtner.

Was tun gegen die Plage? Vergessen Sie alle Hausmittel der Güte »Hundehaare in die Gänge«, »Kaiserkronen pflanzen« oder Krachmacher, ob laut oder leise per Ultraschall. Mir hat der Zufall zu einer genialen Falle verholfen. Ein Freund hat mir vom Sperrmüll einen Waschkessel aus Kupfer mitgebracht, wie sie bis in die 1950er-Jahre gebräuchlich waren. Ich habe ihn im Rasen als Wasserbecken versenkt. Und regelmäßig alle halbe Jahre finden sich darin zwei, drei, vier junge Wühlmäuse, gelegentlich auch ausgewachsene. Sind sie in der Dunkelheit einfach hineingetappt? Und das mit dieser Regelmäßigkeit? Tatsächlich sind die terrestrischen Wühlmäuse mit den Wasserratten verwandt. Auch sie können schwimmen und tauchen. Aber aus dem Kupferkessel mit dem steilen Rand kamen sie nicht wieder heraus. Leider gehen nicht alle in diese Falle.

Wer die Wahl hat, muss sich nicht quälen, die meisten Fallen haben gute Kundenbeurteilungen im Internet. Es gibt sogar Selbstschussfallen mit Patronen des Kalibers neun Millimeter. Das erinnert mich dann aber doch zu sehr an die DDR-Grenze und den Todesstreifen. Ich nehme lieber Zangenfallen: vor dem Ausgang oder in einen Gang eingegraben und möglichst mit einem festen Karotten- oder Selleriestück ausgestattet, damit der tödliche Mechanismus beim Versuch, den Köder zu fressen, auch ausgelöst wird. Vor Tageslicht abdecken und keine menschlichen Geruchsspuren an der Falle hinterlassen. Der Pirat Störtebeker soll ohne Kopf an zwölf seiner Piraten vorbeigelaufen sein, bis der Henker ihm ein Bein stellte. Ich fand eine Falle mit dem Kopf einer Wühlmaus 20 Meter von der Hinrichtungsstelle entfernt. Erst ein Drahtzaun hatte sie gestoppt. Seitdem binde ich die Falle fest.

Aber nicht immer gehen die Wühler in die Zangenfalle. Unverkennbar im Schotterweg der Kleingartenanlage vor unserem Garten war ein meterlanger Gang. Ich dachte, wie dumm kann die nur sein, da gibt es doch nichts Veganes zu futtern. Das war am ersten Tag. Am zweiten war schon ein Loch im Beet mit den Pfingstrosen, dem Knollen-Paradies der Wühlmäuse. Um es kurz zu machen, alle Versuche mit der Krallenfalle und verschiedenen Ködern hatten keinen Erfolg. Die Wühlmaus hat sie jedes Mal schön mit Erde zugeschmissen. Cleveres Vieh.

Vielleicht kennen Sie Karbid, wie Calciumcarbid landläufig genannt wird. War früher in den Lampen der Bergleute oder in Fahrradscheinwerfern. Es entwickelt nicht nur Leucht-, sondern auch Knallgas. Das sogenannte Karbidschießen gehört zu regionalen Folklorebräuchen. Im Handel gibt es als Vergrämungsmittel sogenanntes Wühlmausgas – »Anwendung durch nichtberufliche Anwender zulässig«. Und so geht's: Gebrauchsanweisung gründlich lesen, Pads in den Gang, bei Kontakt mit der Bodenfeuchte oder Wasser bilden sich Gase mit dem typischen Karbid-Gestank. »Das entstehende Gasgemisch vertreibt die Tiere, ohne sie zu töten«, lese ich. Bestenfalls fliehen sie in Nachbars Garten, um dort ihr zerstörerisches Werk fortzusetzen. Aber was ist, wenn man wie ich die Ausgänge sucht, findet und abdichtet? Das können Sie sich vielleicht denken.

Wie gesagt, mit Schermäusen gibt es nur den totalen Krieg, oh, hoppla, das habe ich jetzt nicht gesagt. Aber gemeint. Die Fluchtwege zu verbauen ist allerdings nur bei Wühlmäusen erlaubt, nicht bei Maulwürfen, gegen die das Gas auch wirkt. Denn die angeblich blinden Tunnelbohrer stehen unter Artenschutz.

Maulwurf
Talpa europaea

Ich bin immer wieder fasziniert, wenn ich Bilder dieser gigantischen Tunnelbohrmaschinen sehe, mit denen Berge wie der Gotthard durchbohrt oder der Ärmelkanal unterquert wurden. Mit seinem walzenförmigen Körperbau von 10 bis 17 Zentimetern, den zwei Grabschaufeln mit je fünf Krallen, seinem Sichelknochen und dem kurzen Schwanz ist der Europäische Maulwurf (*Talpa europaea*) solch eine Maschine im Kleinen. Wie die große Maschine fräst er sich um seine Achse rotierend durchs Erdreich und befördert den Abraum in Hügeln hinter sich ans

Tageslicht. Und genau das macht ihn beim Gärtner zum gefürchteten Feind. Zum Feind? Bei mir kam zunächst wirkliche Freude auf, als ich den ersten Maulwurfshügel in unserem Garten entdeckte, obwohl ich all die Horrorgeschichten kannte. Das Interesse überwog die Angst.

Seine technischen Daten sind beeindruckend. Er soll sich pro Stunde unglaubliche sieben Meter vorwärts graben können, in 10 bis 20 Zentimetern Tiefe liegt das unterirdische Gangsystem des Einzelgängers. Für die kältere Jahreszeit gräbt er gar bis in eine Tiefe von 60 Zentimetern Gänge und Höhlen. Der Maulwurf sieht nicht nur wie ein Rambo aus, kräftemäßig ist er auch einer: Das 20-fache Körpergewicht kann er mit seinen kurzen muskelbepackten Armen bewegen. Sein Blut hat einen hohen Hämoglobinanteil, um möglichst viel Sauerstoff zu binden, denn die Luft in den unterirdischen Gängen ist so dünn wie die im Hochgebirge. Was dem Leistungssportler das Ausdauertraining in der Höhenluft, ist dem Maulwurf seine Bewegung. Auf der Suche nach Nahrung läuft er mit bis zu vier Kilometern pro Stunde die Gänge auf der Suche nach Nahrung ab. Zu seinem Menüplan gehören bevorzugt Draht- und Regenwürmer, Larven und Schnecken; kurzum, er verschlingt alles, was fleischlich ist. Ohne Nahrung überlebt er keine 24 Stunden – täglich muss er die Hälfte seines Eigengewichts verspeisen. Macht bis zu 30 Kilogramm Kraftnahrung im Jahr. Da er kein Winterschläfer ist, betreibt der Maulwurf sogar Vorratshaltung. In seiner Speisekammer hält er Regenwürmer als Lebendfutter. Damit sie nicht davonkriechen können, beißt er ihnen den Kopf ab.

Jetzt wenden Sie bestimmt ein, nicht nur die Hügel sind das Problem, der Maulwurf frisst ja auch die guten Regenwürmer. Ja, aber nur nachhaltig, denn er ist ortstreu und will ja nicht seine eigene Lebensgrundlage vernichten. Leider – oder zum Glück – blieb es in unserem Garten bei nur einem Hügel. Dann fand ich das gerade einmal zeigefingerlange Jungtier ersoffen im Wasserbecken. So ein feines seidiges Fell! Früher wurden wunderbare Mäntel daraus gemacht. Das ist jetzt verboten, wir kommen noch darauf zurück. Das Weibchen wirft drei bis vier Jungen spätestens nach zwei Monaten aus dem Nest. Dann müssen sie einen eigenen Claim finden und bergmännisch erschließen. Wie ein echter Bergmann ist auch der Maulwurf ein Schichtarbeiter, im Wechsel drei Arbeits- und Schlafphasen von je vier bis fünf Stunden. Ganz so blind ist er jedoch nicht, wie immer gesagt wird. Mit seinen kleinen Augen, die teilweise zum Schutz von Haut überdeckt sind, kann er hell und dunkel wahrnehmen.

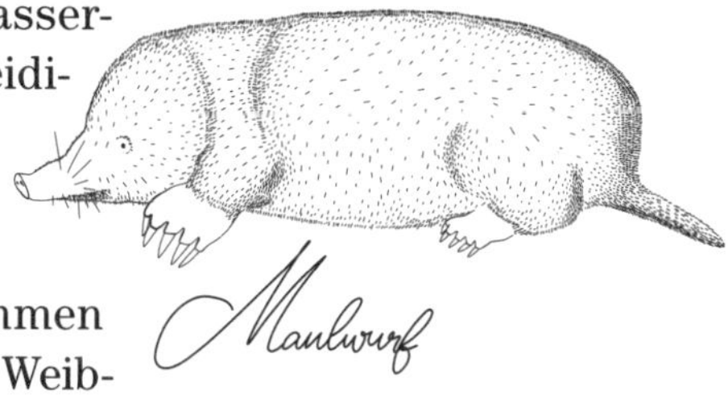

Grabowski steht wie alle Säugetiere (*Mammalia*) unter Bundesartenschutz. Moment, sagen Sie, Wühl- und andere Mäuse sind doch auch Säugetiere. Ja, aber sie sind vom Artenschutz extra ausgenommen. Wo kämen wir da auch hin? Das »Nachstellen, Fangen,

Verletzen oder Töten« von Maulwürfen ist laut Tierschutzgesetz verboten. Vergraulen aber *nicht.* Und da fangen die Listen mit den Kriegslisten an. Die längste führt 20 Hausmittel auf, wie man den Maulwurf aus dem Garten vertreiben kann. Knoblauchsud in die Gänge schütten, Mottenkugeln oder Lappen mit Petroleum tränken und in den Gang legen, denn die feine Nase des Maulwurfs möge solche Geruchsbelästigungen nicht. Geräusche sollen ihn vertreiben. Er sei sehr hellhörig. So wird geraten, ein Radio in einer Blechdose einzugraben und laufen zu lassen. Am besten sucht man vermutlich einen harten Beat. All das ist Gartenlatein. Sie können es getrost vergessen. Zu kaufen gibt's noch den »Maulwurfschreck«. Als ihn der Gartennachbar einer Freundin ausprobierte, wurde nicht der Maulwurf vertrieben, vertrieben wurde die Freundin. Sie hielt das batteriebetriebene Geknatter nicht aus.

Wenn Sie Ihren Rollrasen vor den Hügeln sichern wollen, verlegen Sie ein horizontales Maulwurfgitter darunter. So wird es von Schwimmbädern mit Liegewiese und von Sportstätten empfohlen. Wenn Sie den Maulwurf aber wirklich vergraulen wollen, ist Buttersäure immer noch das beste Mittel. Die kennen Sie noch als Stinkbombe aus der Schule. Das ist eine tierfreundliche Kriegsführung gegen den Erdwerfer, wie er auch heißt. Und wenn der Nachbar sagt: »Sie hatten doch mal ...? Wie haben Sie ihn weggekriegt?«, verraten Sie nichts. Der Maulwurf könnte ja wieder zurückkommen, wenn es bei Ihnen ausgestunken hat.

Marder und Iltis

Rattenalarm im Nachbargarten. Da poltert es im Geräteschuppen, überall liegt angefressenes Zeug rum. Falle aufstellen! Und sie schnappt zu. Wer holt das Vieh raus? Damit habe ich kein Problem. Aber was sehe ich bei Licht betrachtet? So ein schönes Näschen, so eine niedliche Gesichtsmaske und so ein feines Fell. Könnte man für einen tollen Mantel verwenden oder wenigstens einen edlen Kragen daraus machen. Also keine Ratte, aber ist es ein Marder, ein Wiesel oder ein Iltis? Ist das Tier gut oder böse?

Ganz böse immerhin nicht. Denn ein Garten ist ein Garten und kein Auto. Weshalb man im Garten mit einem Steinmarder (*Martes foina*) eher nicht Bekanntschaft machen wird. Er ist zwar auch ein Kulturfolger wie der Iltis, aber der Kabel-, Isoliermatten- und Bremsschlauchfresser ist eher ein Autofolger. Sie kennen die Berichte über sein nächtliches Wirken und die Klagen über kolossale Schäden sowie die Tipps, wie Sie sich des hundeartigen Raubtiers erwehren können. Bitte was? Ob Steinmarder, Otter, Dachs, Wiesel oder Iltis, sie alle gehören zu den *Hundeartigen Raubtieren*, wie Bio-

logen sie nennen. Jetzt aber mal der Reihe nach, von oben nach unten! Sie wollen das vielleicht gar nicht so genau wissen. Aber stellen Sie sich mal Noah vor der Sintflut vor, wie hätte er von allen Arten jeweils ein Pärchen auf der Arche retten können ohne solch eine Bestimmungsliste zum Abhaken?

Ordnung: Raubtiere (Carnivora)
Überfamilie: Hundeartige (Canoidea)
Familie: Marder
Gattung: *Mustela*
Untergattung: Iltisse (*Putorius*)
Wissenschaftlicher Name: *Mustela putorius*

Zum wissenschaftlichen Namen kommt noch der Name des sogenannten Erstbeschreibers mit dem Jahr hinzu: Linnaeus, 1758.

Und so ein *Mustela putorius*, ein Europäischer Iltis, lag in der Rattenfalle im Nachbargarten. Leicht erkennbar an dem lang gestreckten Körper, den kurzen Gliedmaßen, das Fell oben braun, unterm Bauch schwarz. Kinn und Schnauze gelblichweiß, das Gesicht maskenartig wie Zorro. Konnte also kein Wiesel sein, der kommt unmaskiert. Den Iltis kennen Sie als Haustier, als domestiziertes Frettchen (*Mustela putorius furo*) oder als Fellmantel, wenn sich noch jemand traut, damit auf die Straße zu gehen. Denn der Iltis wird noch immer gezüchtet, 70 bis 80 Felle ergeben einen Mantel. Solch ein Iltis wird bis zu 50 Zentimeter lang, der Schwanz fast 20. Gewicht des Stinkers: bis zu zwei Kilogramm.

Alle Marder haben Analdrüsen mit einem stark riechenden Sekret zur Markierung des Reviers und zur Abwehr von Feinden. Die Spezies Stinktier gibt es auch unter Menschen, meist sind es Einzelgänger. Auch Marder sind Einzelgänger. Die Männchen markieren strikt ihr Revier. Grenzübertritte von Artgenossen werden lautstark kriegerisch bekämpft. Nur die Reviere der Weibchen überlappen sich mit denen der Männchen. Das nennt der Biologe ein *intra-sexuelles Reviersystem.* Darüber sollten Sie sich mal Gedanken machen.

Iltisse und Co. gehören nach der Bundesartenschutzverordnung (BArtSchV) als Säugetiere ohne Ausnahme zu den »besonders geschützten Arten«. Also nix Falle oder Giftköder. Aber das war traurigerweise das Problem: Unser Iltis ging in eine Rattenfalle. Dabei ist er ein äußerst nützlicher Verbündeter im Gartenkrieg, um nicht zu sagen Freund, denn er jagt Mäuse – Wühl-, Feld- oder Hausmaus – und Ratten. Auch Insekten und Weichtiere stehen auf seinem Speiseplan. Wenn's mal eng wird, wird er zum Vegetarier, aber ungern. Gut, Vögel mag er auch. Die Natur kennt eben keinen Artenschutz, nur Beute. Wenn der Iltis allerdings im Gartenhaus randaliert, hört die Freundschaft auf. Aber sagen Sie ihm das mal.

Igel

Zu den beliebten und ersehnten Freunden im Garten gehört der Igel. Aber mal ehrlich, wenn Sie ein *Erinaceus europaeus* wären, würden Sie dann in ein Igelhotel gehen? Ich nicht. Ich als Braunbrustigel würde mir einen schönen Laubhaufen unter Ästen und Gestrüpp suchen, wo ich vom Menschen weitestgehend ungestört schlafen kann. Ich denke zwar, die Spezies *Homo sapiens hortensis*, sprich der Gärtner, würde mich nicht aus dem Hotel holen, um mich in Lehm eingepackt in Glut langsam zu schmoren. Aber stören würde es mich doch, wenn mal wieder nachgesehen wird, was das »putzige Kerlchen« so macht. Ob in Gartencentern oder Versandkatalogen, überall werden »Igelhotels« angeboten. In keiner Garten- oder Naturschutzzeitung darf eine Anleitung zum Selberbauen fehlen. Ich bin mir aber sicher, nirgends gibt es so viel Leerstand wie in diesen Igelhotels.

Was bei Ihnen im Garten rumigelt, kann natürlich auch ein Nördlicher Weißbrustigel (*Erinaceus roumanicus*) sein, der im Überlappungsgebiet beider Arten lebt. Aber das tut hier nichts zur Sache. Beide sind Insektenfresser, sie schlafen tagsüber und gehen nur in der Dämmerung abends und frühmorgens auf Nahrungssuche. Und damit fangen die Igellegenden schon mal an: Der Igel ist kein ökologisch verträglicher Schneckenvertilger. Schnecken gehören nicht zu seiner Leib- und Magenspeise, die nackten Schleimer machen nur maximal fünf Prozent seiner Nahrung aus. Wohl aber mag er Ohr- und Regenwürmer, die so nützlich im Garten sind. Ansonsten Käfer, Schmetterlingsraupen, auch neugeborene Mäuse und Wühlmäuse, was seine Ökobilanz verbessert. Sollten Sie mal einen Igel mit Fallobst im Stachelkleid sehen, dann ist ihm zufällig was ins Kreuz gefallen. Auch das ist eine Legende, dass er auf diese Weise Wintervorrat sammelt.

Seit Landwirtschaft industriell betrieben wird und Monokulturen große Flächen für den maschinellen Anbau benötigen, seit die Flurhecken und Baumparzellen immer weiter verschwinden, ist der Igel zum Kulturfolger geworden und findet sein Biotop in stadtnahen Parks, Friedhöfen und Gärten. Aber da muss der Nachtarbeiter nicht nur tagsüber einen sicheren Schlafplatz finden, sondern auch von Oktober bis April für seinen Winterschlaf. Das ideale Igelhotel in Ihrem Garten ist ein Laubhaufen, der mit Ästen und Reisig abgedeckt ist und ungestört bleibt. Und das gilt nicht nur für einen Winter, denn der Igel ist ortstreu.

Hören Sie aus dem Gebüsch Rascheln, Schnarch- oder Sägegeräusche, dann ist da eine Igelpaarung im Gang. Das kann dauern bei bis zu 7000 Stacheln. Ich lese: »Trotz der Stacheln vollzieht sich die Paarung der Igel in einer für Säugetiere konventionellen Stellung. Das Männchen besteigt das Weibchen von hinten.« Ohne Kommentar sei hier noch erwähnt, dass Igelfrauen aus Prinzip alleinerziehende Mütter sind. Den Vater ihrer drei bis fünf Kinder beißen sie vor der Geburt weg.

Da der geburtsstärkste Monat der August ist und der neugeborene Säuger maximal 25 Gramm auf die Waage bringt, hat der Jungigel bis Mitte Oktober wenig Zeit, um sich genug Fett anzufressen, damit er durch den Winter kommt. 500 Gramm sollte ein Igel auf die Waage bringen, das reicht als Energiereserve für zwei Atemzüge und acht Herzschläge pro Minute bei acht Grad Betriebstemperatur. Finden Sie im Oktober einen, der weniger als 500 Gramm auf die Waage bringt, fragen Sie Ihren Igelarzt und -apotheker, wie er durchzubringen ist. Und warum das jetzt alles, wo er Ihnen nicht mal die Nacktschnecken vernichtet? Um des Igels willen.

Ratten
Rattus

Wieder einmal Rattenalarm, um nicht zu sagen, Panik. Ein Nachbar hat zwei Ratten in der Dämmerung herumflitzen sehen. Sicher? Sicher. An ihren Spuren sollt ihr sie erkennen: Finden Sie Rattenkot? Mäuse hinterlassen kleine schwarze Kotspindeln, maximal zwei Millimeter lang. Rattenkot ist deutlich dicker und länger. Finden Sie Nagespuren? Durch Ritzen und Spalten ab zwei Zentimeter Breite zwängen sie sich durch. Ansonsten nagen sie sich durch, selbst Beton und sogar Alublech sollen für sie kein Problem sein. Und dann sind Kartons und Tüten mit Lebensmitteln oder Samen zerfleddert und Mülltüten durchwühlt. Ob im Holz oder im Obst, die zwei Nagerzähnchen ziehen perfekt parallele Spuren, im Abstand von vier Millimetern. Finden Sie Laufspuren im Gras? Ratten treten ihre Pfade aus. Finden Sie ein Rattenloch in der Erde? Es hätte einen Durchmesser von fünf Zentimetern. Sie hausen in Erdbauten, zu mehreren oder in ganzen Clans, sofern das Nahrungsangebot es ihnen ermöglicht. Bevorzugt bewohnt das Rattenpack Komposthaufen, denn da ist es schön warm, und wenn Sie gekochte Speisen draufschütten, haben es die Tiere zum gedeckten Tisch nicht weit. Auch unter Gartenhäusern oder in Ecken von Schuppen lassen sie es sich gut gehen.

Damit Sie die Hausratte (*Rattus rattus*) von der Wanderratte (*Rattus norvegicus*) unterscheiden können, dies vorneweg: Den nackten schuppigen Schwanz haben sie gemeinsam. Bei der schwarzen Hausratte ist er länger als der Körper, bei der braunen Wanderratte kürzer. Hausratte: spitze Nase, große Ohren; Wanderratte: abgeschrägte kleine Ohren. Das muss fürs Erste reichen.

Die gute Nachricht zuerst: Wanderratten wurden von professionellen Rattenfängern und Zirkusleuten domestiziert. Farbratten werden sie genannt (*Rattus norvegicus forma domestica*). Als »standardisierte«

Laborratten verhelfen sie dem Menschen nicht nur zu wissenschaftlichen Erkenntnissen, sondern sind auch lebensrettend. Und als Punkratte aus dem Petshop gehören die possierlichen Nagetierchen zur Sozialfolklore.

Die Wanderratte selbst steht auf der Roten Liste der gefährdeten Arten unter der Kategorie »vom Aussterben bedroht«. Die Hausratte ist da schon weiter: In Nordrhein-Westfalen, Hessen und Thüringen ist sie bereits »ausgestorben oder verschollen«. Es vermissen sie dort nicht einmal Tierschützer, zumal sie in Berlin und Brandenburg »ungefährdet« ist. Das kann einen aber nicht wirklich beruhigen. Denn ob Haus- oder Wanderratte, sie sind von Übel. Sieben Liter Urin und Tausende Kotspiralen produziert eine einzige Ratte im Jahr – es stinkt ätzend. Aber nicht nur die Hygiene ist das Problem: Ratten sind Krankheitsüberträger von Salmonellen, Bakterien, Viren. Der Pesterreger *Yersinia pestis*, der in Flöhen haust und dem die Hausratten als Wirt dienten, ist zurzeit – der WHO sei Dank – eher ein Streitthema für Historiker.

Lassen wir mal Wohnhäuser und die Kanalisation als Lebensräume der Ratten außen vor, wir sind Gärtner. Und da können schon mal Wanderratten in unser

Revier einwandern, denn auch sie sind zu Kulturfolgern geworden. Die Wanderratte ist ein *Neozoon*, ein Neutier. Sie kam vermutlich erst im 18. Jahrhundert nach Europa, während Hausratten bereits den römischen Legionären in die Provinzen Germania und Britannia folgten. Die Wanderratten sind zwar Allesfresser, vornehmlich aber Vegetarier: Sie vertilgen Wurzeln, Samen und Obst. Nicht nur Fallobst. Sie sind Triathleten, im Klettern, Laufen und Schwimmen gleichermaßen gut.

Was tun gegen den Feind im eigenen Garten? Sich mit seinem natürlichen Feind verbinden! Mit Marder, Steinmarder, Wiesel oder Iltis. Aber darauf können Sie nicht automatisch setzen. Sie müssen etwas tun. Die Schlagfalle ist ein probates Mittel, Erdnussbutter als Köder gilt als Hit. Aber es wäre doch schade, wenn dabei ein Wiesel oder Iltis dran glauben müsste. Die wollen auch mal naschen, obwohl sie Fleischfresser sind. Außerdem sind Ratten leider sehr lernfähig: Sehen sie einen Kumpel in der Falle, werden sie die Falle scheuen. Dann hilft nur die »ganzheitliche« Rattenbekämpfung mit *Rodentiziden*, Nagetiergiften. Das ist eine Wissenschaft für sich, die Verbotsliste der Giftstoffe ist mittlerweile lang und amtliche Zulassungen laufen aus, da sich Resistenzen bei den Ratten herausgebildet haben und es zudem Kollateralschäden geben kann, ob bei Haustieren oder Kindern.

Dass Ratten einen Vorkoster haben, ist eine schöne Mär. Aber die Rudeltiere merken schnell, wenn etwas nicht stimmt. Deshalb haben Rattengifte einen

Zeitzünder, ihre Wirkung setzt erst viele Stunden später ein. Gerinnungshemmer lassen die Tiere dann innerlich verbluten, sodass selbst die klugen unter ihnen keinen Zusammenhang zwischen dem Verenden ihrer Artgenossen und den Giftködern herstellen können. Um es kurz zu machen: Besser, sie kommen erst gar nicht, und wenn sie da sind, dann bitte nur zugelassene Mittel verwenden. Und die Sicherheitshinweise absolut ernst nehmen.

Wanderratte

III DAS BUCH DES UNGEZIEFERS

Es kreucht und fleucht, es summt und brummt, es bohrt und saugt, es sticht und frisst: Myriaden von Insekten bevölkern den Garten, der auch zu einem Refugium für die letzten ihrer Art wird. Die im Boden sieht man nicht, anderes Geziefer ist nur unter der Lupe oder gar dem Mikroskop sichtbar. Es ist eine Parallelwelt, mit meist sehr nützlichen oder für den Gärtner belanglosen Spezies. Aber einige sind des Gärtners Feind. Sein Todfeind. »Nur wer mit dem Übel vertraut ist«, müsste man mit Sunzi sagen, »kann den Krieg auf richtige Art führen.«

Blattläuse
Aphidoidea

Ihhhh! Blattläuse! Mit einer fängt es an, bald sind es Tausende dieser Winzlinge, die mit ihren Stechrüsseln Pflanzensäfte anzapfen, dass sich die Blätter kräuseln, die Knospen abfallen, die Stängel knicken und alles mit zuckriger Schmiere überzogen ist und verdorrt. Es gibt in Mitteleuropa 850 Arten von Blattläusen, die enorme Schäden in Landwirtschaft und Gartenbau verursachen. Die vier, fünf Arten, mit denen ich es im Garten zu tun habe, reichen mir aber vollkommen.

Blattläuse, diese Saftschmarotzer, haben Spezialeinheiten für verschiedene Pflanzen und Gehölze: Die Große Rosenblattlaus (*Macrosiphum rosae*) saugt auch Äpfel, Birnen und Erdbeeren aus, die Schwarze Bohnenlaus (*Aphis fabae*) befällt Schneeball und Pfaffenhütchen, nachdem sie sich über Bohnen, Kartoffeln und Rüben hergemacht hat. Die Apfelblutlaus (*Eriosoma lanigerum*) mag zudem Birnen und Quitten, die Grüne Pfirsichblattlaus (*Myzus persicae*) Pflaumen und Mirabellen. Und wenn Sie denken, Nadelbäume sind frei von ihnen, Irrtum, auch sie werden von diversen Baumläusen (Lachnidae) befallen. (Haben Sie sich schon mal gefragt, woher eigentlich der Tannenhonig kommt?) Aber ehe wir gegen diese Invasoren vorgehen, ein bisschen Kriegsberichterstattung von der Naturfront.

Wie wir Gärtner lieben auch Blattläuse warmes, trockenes Wetter. Ein paar Eier haben überwintert oder die Tiere kommen schon ausgewachsen angeflogen, dann geht's los. In der ersten Generation wird sich noch gepaart, in der zweiten brauchen die Weibchen gar keine Männer mehr, Jungfernzeugung (*Parthenogenese*) nennt man das. Blattläuse gebären lebend, pro Tag bis zu fünf Sauger, und zwar solche ohne Flügel, denn sie sitzen ja schon im Schlaraffenland der Zuckersäfte. Dort vermehren sie sich explosionsartig. Erst wenn die Nahrungsquelle versiegt ist oder die Blattläuse von Fraßfeinden angegriffen und dezimiert worden sind, werden wieder beflügelte Exemplare gezeugt. Und auf geht's zu neuen Pflanzen.

Mit Süßigkeiten macht man sich bekanntlich Freunde, deshalb hat die Blattlaus viele Freunde: Wespen, Bienen und Schmetterlinge. Das hängt mit dem interessanten Stoffwechsel der Läuse zusammen. Sie ernähren sich derart einseitig mit Kohlenhydraten, sprich mit reinem Zuckersaft, dass sie zu Honigscheißern werden. Was sie zu viel an Kohlenhydraten aufnehmen, kommt hinten als Tropfen wieder heraus. Die allerbesten Freunde der Blattläuse sind Ameisen. Sie *betrillern* mit ihren Fühlern nicht nur deren Hintern, um sie zu »melken«, sie hegen und pflegen ihre Honigkühe regelrecht. Sind die Pflanzen ausgesaugt, tragen sie die Blattläuse sogar zur nächsten ertragreichen Weide, und wenn sie ihnen wegfliegen wollen, beschneiden sie die Flügel ihrer Honigspender. Und nicht nur das, sie sind die Leibstandarte der Blattläuse, sie halten ihnen Feinde vom Leib und verteidigen sie mit ihren tödlichen Zangen.

»Gegen wen und wie ich Krieg führe, ist eine Frage, wie ich meinen Staat – sprich Garten – gestalten will«, so Clausewitz. Das »Ideenportal für einfaches und nachhaltiges Leben« zählt 16 »natürliche« Methoden auf, mit denen man Blattläuse bekämpfen kann. Lavendel an Rosen pflanzen? Sowieso. Mit der Hand ablesen? Wer's mag. Dann schon eher mit einem scharfen Wasserstrahl abspritzen oder einer

Schmier- oder Kernseifenlösung bespritzen. Und so weiter und so fort. Wenn es um den »kalten Brennnesselauszug« geht (»Man nehme 200 Gramm frische Brennnesseln auf einen Liter Wasser …«), frage ich mich allerdings, woher bekomme ich die Brennnesseln? Muss ich die jetzt selber anbauen?

Wenn es ganz schlimm ist, greife ich zu Wirkstoffen gegen saugende Insekten wie (*Acetamiprid*). Es gibt im Handel aber auch Mittel, die ohne Chemie auskommen. Meine Allzweckwaffe ist Neem aus dem Samen des indischen Niembaumes (siehe Exkurs Neem). Es ist für fast alle saftsaugenden Insekten tödlich.

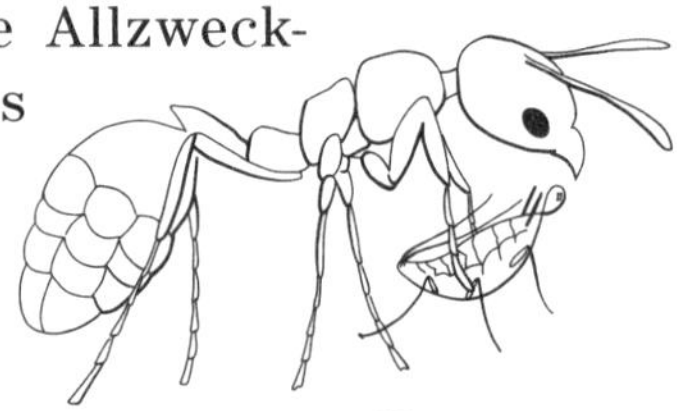

Vor allem aber sind unsere Special task forces im Garten nicht zu unterschätzen. Unsere besten Verbündeten im Krieg gegen die Blattlaus sind die etwas tumb daherfliegenden Marienkäfer (*Coccinellidae*) und ihre Larven. In unseren Breiten der häufigste und beliebteste Marienkäfer ist der Siebenpunkt (*Coccinella septempunctata*). Sein Truppenabzeichen: je drei schwarze Punkte links und rechts auf den Deckflügeln und einer auf dem Schild am Kopf, daneben zwei kleine weiße Punkte. Marienkäfer sind eine Elitetruppe zur Bekämpfung von Blatt- und Schildläusen, der Siebenpunkt lebt fast ausschließlich von ihnen. Und das geht so: Im Sommer legen die Weibchen ihre Eier an

Blattunterseiten, die von Läusen befallen sind. Aus den Eiern schlüpfen Larven. Aber Achtung: Man kann sie für Raupen halten, denn sie sehen diesen ähnlich. Bis sie sich wieder zu Marienkäfern verpuppen, vertilgen die verfressenen Frontsoldaten Tausende Blattläuse, ein flugfähiger Marienkäfer killt bis zu 60 pro Tag.

Dabei kommt es natürlich zum Krieg zwischen Ameisen und Marienkäfern, die sich mit einer Wachsschicht gegen die Zangen und Klauen der Ameisen zu schützen versuchen. Doch die Marienkäfer sind so effektiv, dass sie schon um 1889 als erste *Prädatoren*, also Fraßfeinde, massenhaft gezüchtet, die Eier verkauft und in Landwirtschaft und Gartenbau eingesetzt wurden. Bis heute mit nachhaltigem Erfolg. Sie werden in Partien zu 150 Eiern im Internet gehandelt. Ein Marienkäfer lebt zwölf Monate, er muss überwintern. Das kennen Sie sicher, denn er sammelt sich gerne in Kolonien in Fensterrahmen, im Garten können Sie ihn unter Steinen oder Rinde, im Laub oder im Moos finden.

Es gibt aber noch eine zweite Spezialeinheit, die der sogenannten Blattlauslöwen. Dazu gehören die Netzflügler-Larven der Gemeinen Florfliege (*Chrysoperla carnea*) oder auch die verschiedenen Arten der Braunen Florfliege (*Hemerobiidae*). Im biologischen Landbau werden vor allem Florfliegenarten gezielt als Lauskiller eingesetzt, nicht nur gegen Blattläuse, sondern auch gegen Schildläuse und Spinnmilben. Sie müssen in Ihrem Garten nur darauf achten, dass Sie die zarten Netzflügler nicht töten und auch ihre Eier an den Blättern belassen. Sie sehen aus wie seltsame Eier am Stiel. Ich hab schon mal unwissentlich welche entfernt. Wird nicht wieder vorkommen.

Um noch die Frage von Clausewitz zu beantworten, wie ich meinen Garten gestalten will: Ich will keine Blattläuse. Ich gehöre zu den natürlichen Feinden der Blattläuse. Und deshalb entscheide ich je nach Lage, wie ich den Krieg gegen sie führe. Notfalls halt mit allen Mitteln.

Fraßfeinde
Prädatoren

Der *Homo sapiens*, also Sie und ich, da gibt es kein Vertun, auch wir gehören zu den *Prädatoren*, den Fraßfeinden. Als Allesfresser sind wir sogar ein *Spitzenprädator*. Was ja, wie ich finde, okay ist, schließlich hat der Schöpfer uns an seinem letzten Arbeitstag die Krone der Schöpfung aufgesetzt.

Jetzt sagen Sie als Vegetarierin und Vegetarier, als Veganer und Veganerin, Krone hin oder her, aber ich bin doch kein Fraßfeind! Von wegen! Je nach Definition der Biologen gehören auch Sie dazu, als *Weideprädatoren*, schließlich töten Sie Pflanzen und Früchte mit Samen. Aber was uns als Gärtner wichtig ist: Blattlaus, Zünsler, Apfelwickler, um nur einige unserer üblen geflügelten Feinde zu nennen, stehen alle in der Kette des Fressens und Gefressenwerdens nicht an der Spitze, sie alle haben Fraßfeinde, die uns nützlich sind. Dazu gehören unter vielen anderen der Gartenrotschwanz, die Meise, der Sperling und diverse Wespenarten wie Schlupf- und Erzwespen. Übrigens, der Gemeine Ohrwurm (*Forficula auricularia*), auch Ohrkneifer genannt, zählt als Vertilger von Blattläusen und Raupen auch zu den nützlichen *Prädatoren*. Dass er in Ohren kneift, ist ein Kindermärchen. Dass er auch gerne vom Obst nascht und frisches Grün knabbert, ist eine Tatsache. Da muss man Vor- und Nachteile abwägen. Ich jedenfalls hänge ihm gegen Blattläuse umgedrehte Blumentöpfe mit Holzwolle als Unterschlupf in Bäume (meine Biogärtner-Camouflage).

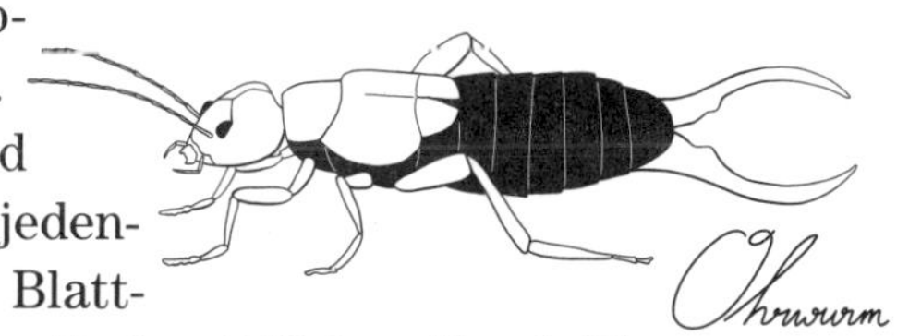

Diese unsere befreundeten Hilfstruppen vernichten zwar das Schadgeziefer nicht völlig, sie helfen jedoch, es einzudämmen. Immerhin. Dafür müssen Sie für diese Raubtiere in Ihrem Gartenbiotop aber die richtigen Bedingungen schaffen. Landwirte und Gärtnereibetriebe können *Prädatoren* sogar im Handel kaufen und wie eine Söldnertruppe auf ihre Schädlinge loslassen, nicht nur im Gewächshaus, sondern sogar in Freilandkulturen. Für den Gärtner ist das allerdings nur schwer praktizierbar.

Zu den nützlichen Hilfstruppen gehören auch Bazillen. Der *Bacillus thuringiensis (BT)* produziert einen Cocktail aus sogenannten Bt-Toxinen. Die Gifte sind für Pflanzen, Wirbeltiere, Bienen und Menschen unschädlich. Wenn Sie die Pflanzen gut mit ihnen benetzen, nehmen die verfressenen Raupen sie mit den Blättern auf. Im Darm produzieren sie die Gifte, die dann die Darmwand perforieren und zum Absterben führen. Gute Erfahrungen habe ich mit ihm beim Zünslerbefall des Buchs gemacht. Aber natürlich sind auch hier Kollateralschäden unter anderen Insekten nicht auszuschließen. In der Variante *israelensis* rettet der *Bacillus thuringiensis* sogar Jahr für Jahr Hunderttausende Menschenleben, da er gegen verschiedene Arten von Mückenlarven eingesetzt wird.

»Es liegt in unserer Hand, uns vor einer Niederlage zu schützen. Denn Gelegenheit den Feind zu schlagen, gibt uns der Feind selbst.« Sagt Sunzi, und das ist auch der beste Rat für uns Garten-Krieger.

Exkurs: Neem

Ist *Neem*, der ölige Extrakt aus den Samen des Niembaumes, oder auch Indischer Fiederbaum (*Azadirachta indica*) genannt, eine biologische Allzweckwaffe, ein »Wundermittel« aus der Pflanzschutzapotheke Gottes? *Neem* enthält einen Cocktail aus Wirkstoffen gegen Schadinsekten aller Arten und sogar gegen Pilzinfektionen. Neemöl ist als nicht bienengefährlich eingestuft und schont Nützlinge wie Raubmilben und Marienkäfer. Das zugelassene Pflanzenschutzmittel gleichen Namens ist ein Fraßstoppmittel: Blattfressern und Saftsaugern vergeht schlicht der Appetit, egal ob Blattläusen, Weißen Fliegen, Thripsen oder dem Buchsbaumzünsler.

Und es verhindert die Häutung der Larven von Schadinsekten und deren Fortpflanzung. Ich darf um der Vollständigkeit und des Staunens willen mal Wikipedia zitieren: »Pflanzenteile des Niembaums und daraus hergestellte Produkte wirken antibakteriell und antiviral und können als Insektizid, Fungizid, Spermizid, Dünger und Futtermittel eingesetzt werden. Sie werden daher sowohl in der Medizin als auch in Landwirtschaft und Gartenbau genutzt.«

Neem kann je nach Bedarf gespritzt oder gegossen werden. Aber wie bei vielen anderen Naturstoffen hält die Wirkung im Freiland nicht sehr lange an. Auch *Neem* wird von UV-Licht zerstört und vom Regen abgewaschen. Es ist angeraten, nur geprüfte und zugelassene Mittel zu verwenden und nicht selbst etwas zusammenzupanschen. Denn auch Naturmittel – *Digitalis* oder der Samen von *Taxus baccata* sind schöne Beispiele aus unserem Garten – sind nicht weniger toxisch, sprich weniger giftig als synthetische.

Versuche von Konzernen, ein Patent auf dieses Naturmittel anzumelden, sind zu Recht gescheitert, denn wenn schon, hätte schließlich nur Gott/Jahwe/Allah das Recht auf ein Patent am Neemöl. Und bei ihm ist alles Open Source.

Buchsbaumzünsler
Cydalima perspectalis

Was Wikipedia für alles Wissen dieser Welt ist, ist das Lepiforum für alles, was Schmetterlinge betrifft. In Weil am Rhein war 2007 ein unscheinbarer Schmetterling aufgetaucht. Eine gewisse Colette Walter fragte im Lepiforum nach, was das für einer sei. Am 4. Mai kam die Antwort: »Das Problem ist gelöst.« Es sei ein Buchsbaumzünsler (*Cydalima perspectalis*). Doch dann fing das wirkliche Problem erst an. Der Zünsler wurde aus Asien mit Containerware eingeschleppt und verbreitet sich seitdem zügig in Europa. In Asien hat der Buchsbaumzünsler natürliche Feinde, hier hat er keine. Noch nicht, außer dem Gärtner und der Gärtnerin.

Die deutschen Gartenbanausen hielten ja bis vor einigen Jahren Buchs für nichts als eine Friedhofspflanze. Sie können anderer Meinung sein, ich sage: Zu einem richtigen Garten gehört Buchsbaum. Buchs findet man in England in jedem Cottage-Garten, in Deutschland war er mal in jedem Bauerngarten, und es gab keinen Sonnenkönig ohne Barock-Parterregarten mit den fußballfeldgroßen Buchsornamentbeeten. Man denke nur an Versailles. In unserem Garten sind die Wege und Beete mit verschiedenen Buchssorten umrandet – gut 50 laufende Meter. Wir haben Solitäre, Kugeln von fast einem Meter Durchmesser und schlanke Säulen, die im Gartencenter Hunderte von Euro kosten. Und das soll jetzt alles vorbei sein? Wegen dem Buchsbaumzünsler?

Im Krieg gibt es die Strategie der verbrannten Erde. Die Raupen des Buchsbaumzünslers befolgen sie auf ihre eigene Art. Sie sind *monophag*, sie ernäh-

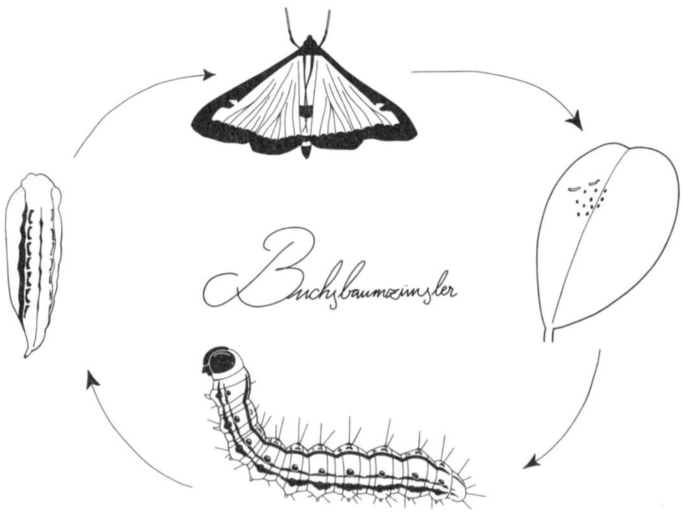

ren sich ausschließlich von Buchsbaumblättern. So weit, so Natur. Ja, aber wie finden Sie Natur, wenn Ihre kostbare Buchsbaumkugel nur noch ein Stängelgerippe ist und ruinös aussieht wie Köln 1945 nach den Bomberangriffen der Briten? Die Raupen fressen alles kahl, da bleibt nichts mehr grün, selbst die Rinde verschonen sie nicht. Von Weil am Rhein aus verbreitete sich der Buchsbaumzünsler pro Jahr fünf Kilometer. Heute ruiniert er von Santander in Spanien bis

Grosny in der Republik Tschetschenien, von Dänemark bis Sizilien Buchs in Gärten und auf Friedhöfen. Und das ist sicher noch nicht das Ende. Als Buchsliebhaber können Sie am Buchsbaumzünsler verzweifeln. Er ist ein Garten-Terrorist, der nach Weltherrschaft strebt. Also: Krieg dem Kriege.

Der Buchsbaumzünsler ist ein Schmetterling (Lepidoptera) mit einer Flügelspanne bis zu 45 Millimetern, er hat seidig weiße Flügel mit einem dunklen Rand. Manch einer ist aber auch ganz braun. Und wie einst die britischen Luftgeschwader, starten die Buchsbaumzünsler in der Ferne, tagsüber sitzen sie sicher in Büschen abseits des Buches, ehe sie ihn nachts anfliegen. Die Falter leben zwar nur zehn Tage, aber das reicht: Gezielt platzieren die Weibchen ihre gelblichweißen Eier tief ins Buchsgestrüpp hinein, damit sie nicht entdeckt werden. Und wenn dann Mitte März die erste Generation der Camouflageraupen, die im Buchs überwintert hat, aktiv wird, haben Sie Mühe, sie mit ihren Tarnfarben und -mustern zu entdecken. Erst sind sie hell-gelblich mit dunkler Kopfkapsel, dann werden sie gelbgrün mit dunklen und weißen Längsstreifen und weißer Behaarung. Wenn sie fünf Zentimeter lang sind, ist alles zu spät. Dann ist Ihr Buchs bereits eine Stängelruine in einem Gespinst. Auf YouTube ist ein entzückendes Sechs-Minuten-Video mit der Raupe Nimmersatt zu sehen. Binnen drei Generationen besetzt der Buchsbaumzünsler fast 50 Quadratkilometer. Kleine Rechnung: Wenn zehn über das Kölner Stadtgebiet verteilte Pflanzen befallen wären, würde innerhalb eines Jahres ganz Köln betroffen sein. Und das ist mittlerweile der Fall.

Was tun? Mein ökologisch korrekter Nachbar rät zum »Absammeln«. Mit der Hand durch den Busch, Raupe für Raupe. Für Ihr gutes Gewissen können Sie aber auch einen Hochdruckreiniger nehmen, eine Folie unterlegen und die Raupen mit dem Strahl abspritzen. Und was machen Sie dann mit dem Geraupe? »Die Kunst des Krieges«, so Clausewitz, »besteht darin, nicht darauf zu hoffen, dass der Feind nicht kommt, sondern darauf zu bauen, dass wir bereit sind, ihn zu empfangen.«

Ob überhaupt Gefahr droht, ist im Schädlingsbereich der Insekten mit *Pheromonfallen* festzustellen; mit dem synthetischen Sexuallockstoff der Weibchen werden Männchen gelockt. Das ist aber nur eine Art von Monitoring, von Überwachung, kein Unschädlichmachen! Sind Männchen der Verlockung des virtuellen Superweibes erlegen und in die Falle gegangen, dann weiß man, es ist Flugzeit, der Hochzeitstanz beginnt. Die Weibchen legen die befruchteten Eier in den Buchs und schon drei Tage später kriecht die Raupenbrut aus und frisst den Buchs ratzekahl, es sei denn … Als biologisches Kampfmittel ist vor allem *BT* erprobt, der *Bacillus thuringiensis var. kurstaki*. Empfohlen wird auch *Quassia*, ein Extrakt der Rinde des Bitterholz-Baumes, oder *Neem*. Das alles können Sie mit ökologisch reinem Gewissen benutzen. Und vielleicht haben Sie Erfolg damit, vorausgesetzt Sie kontrollieren Ihren Buchs vor allem im Inneren regelmäßig, mindestens einmal wöchentlich in den Nachtflugzeiten. Und wenn es raupt, sofort handeln.

Wenn er doch nur einmal käme. Aber bis zu vier Generationen fallen im Jahr gefräßig über Ihren Buchs her. Viele meiner Gartennachbarn, die zum Teil wunderschöne 30-jährige Büsche haben, geben entnervt auf und reißen sie aus. Zumal der Buchs noch einen weiteren tödlichen Feind hat, einen Pilz, der das Buchsbaumsterben verursacht. Wir kommen noch drauf. Aber so oder so: No surrender.

Apfelwickler und Apfel-Gespinstmotte

Wie zauberhaft, wenn Schmetterlinge im Sonnenlicht durch den Garten tanzen, zumal bekannt ist, dass die Biodiversität der Schmetterlinge rapide abnimmt. Aber es gibt Schmetterlinge, die wollen Sie gar nicht sehen und können es auch gar nicht. Denn sie sind dämmerungsaktiv. Dazu gehört der Apfelwickler (*Cydia pomonella*). Seine Raupen sind im Obstbau ein gefürchteter Schädling. Auch Ihnen kann er die Freude an Ihren köstlichen Bio-Äpfeln verderben, sofern Sie sie nicht, wie viele Gartennachbarn, einfach im Baum hängen lassen und Ihre Äpfel im Supermarkt kaufen. Gegen das Untier Apfelwickler sind Sie ziemlich machtlos. Aber auch hier gilt: Den Feind kennen, heißt ihn bekämpfen zu können. Wenn das nicht schon andere für Sie erledigt haben.

Aber was kann man überhaupt von einem Schmetterling erwarten, der nur im Dämmerlicht fliegt? Und sich außerdem grauweiß tarnt und kleinhält? Flügelspanne keine zwei Zentimeter. Im Mai und Juni schwärmt die erste Welle des Fluginsekts aus, um ihr Werk zu beginnen. Der Apfelwickler legt seine Eier auf die Blätter Ihres Lieblingsapfels, kleine Raupen schlüpfen aus und fressen sich in einer Spirale bis zu den Apfelkernen durch. Zu sehen ist das von außen nur an einem winzigen Loch und dem Abraum des Fraß-Bohrers. An der Presse der mobilen Mosterei, die jeden Herbst zum Apfelsaftmachen kommt, gehen manche Gartenfreunde, die nicht zur Fraktion der Vegetarier gehören, mit Würmern in Äpfeln locker um: »Sind doch nur Proteine.«

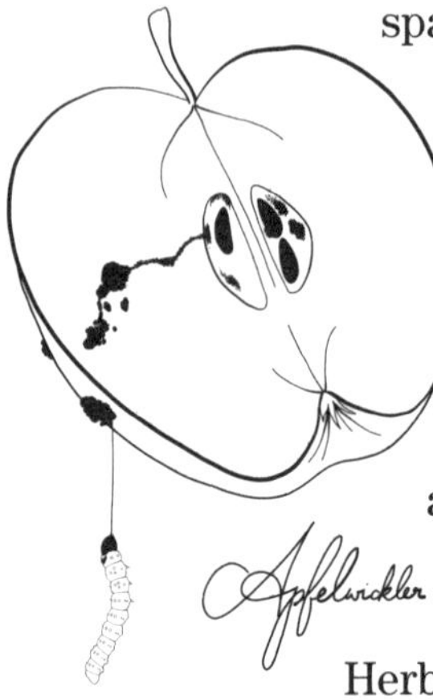

Nach drei, vier Wochen kriechen die Raupen gemästet aus dem Apfel, seilen sich ab und verpuppen sich entweder im Boden oder sie kriechen den Baum wieder hoch, um sich unter der Rinde zu verpuppen. Im August, September geht dann die zweite Generation ihrem zerstörerischen Werk nach. Zwar haben ihre *Prädatoren*, die Meisen, Gartenrotkehlchen und Wespen einen Teil von ihnen vernichtet, aber einige Raupen kommen immer durch. Die Obstbauern haben mit Lockstofffallen ein Frühwarnsystem und werden von den Landwirtschaftskammern gewarnt. Dann geht die Spritzerei los oder sie lassen Schlupfwespen als *Prädatoren* auf die Raupen los.

Dass die Raupen wieder den Baum hinaufmüssen, ist Ihre Chance. Mit Leim- oder Wellpappenringen können Sie ihnen den Aufstieg versperren. Aber von irgendwoher kommt immer ein Apfelwickler geflogen. Es ist im Garten ein permanenter Krieg, fast immer mit Obstschäden. Zumal es noch einen zweiten Feind des Bio-Tafelapfels in Ihrem Garten gibt.

Auch die Apfel-Gespinstmotte (*Yponomeuta malinellus*) hat ein grauweißes Camouflageoutfit, und auch ihre Geschwader fliegen im Dunkeln an. Ihre Gelege von 200 bis 300 Eier platziert sie auf jüngeren Trieben unter einer wasserdichten Schutzschicht, unter der sie nahe den Knospen überwintern. Steigt das Thermometer auf zwölf Grad, schlüpfen die Raupen und fallen über die Knospen und Blätter her. Nach der ersten Häutung nach zehn bis zwölf Tagen spinnen sie zur Apfelblüte zwischen zwei Blättern ein Gespinst, in dem es bald von Raupen nur so wimmelt. Erst dann können Sie bei sehr genauem Hinsehen die Tarnnetze entdecken und das Gewimmel mit dem Gespinst herausschneiden und entsorgen. Wenn Sie die Gespinste nicht absammeln, verpuppen sich die vollgefressenen Raupen nach 37 bis 45 Tagen. Weitere 20 bis 30 Tage später schwirren die Motten

aus. Nicht immer ums Licht, sondern gern wieder auf junge Apfelbaumtriebe.

Ich möchte kein Obstbauer sein, der all diese Feinde fürchten muss, die ihm sogar die Existenz ruinieren können. Gärtner, die nur von ihrem Garten leben, sind heute jedoch eher selten. (Es ist sogar umgekehrt, eher leben wir Gärtner *für* unseren Garten.) Ich wehre mich mit Leimringen gegen die Apfelfeinde. Ansonsten friedliche Koexistenz zugunsten der Meisen, Gartenrotkehlchen und Wespen, die von den Raupen leben.

Neutiere
Neozoen

Wenn ein knallbunter Schwarm von Halsbandsittichen (*Psittacula krameri*) auf Ihrem Apfelbaum im Garten landet und sich über die Äpfel hermacht, werden Sie sich vielleicht fragen, ob Sie sich was reingezogen haben. Die Sittiche gehören zu den *Neozoen*, den Neutieren, die durch die Globalisierung des Handels und Verkehrs immer häufiger zu uns kommen. Sie machen Schlagzeilen, denn in vielen Städten werden sie zur Plage und auch in der Landwirtschaft zum Problem.

Als *Neozoen* gelten alle Tiere, die nach der Entdeckung Amerikas 1492 durch Menschen in unsere Breiten gekommen sind. So weit die Definition, aber wir Gärtner müssen uns fragen, sind es friedliche Einwanderer oder feindliche? Invaders oder Aliens werden sie im Englischen unterschiedslos genannt. Klingt gleich nach Blockbuster und Horror. Die körnerfressenden Halsbandsittiche sind aber eher friedliche Zooflüchtlinge, die mittlerweile eingebürgert sind.

Mehr als Sorge bereitet aber die zerstörerische Varroamilbe (*Varroa destructor*), die aus Südostasien eingeschleppt wurde und heute weltweit Bienenvölker vernichtet. Vom Buchsbaumzünsler und seinen Verheerungen war schon die Rede. Auch die Rosskastanienminiermotte (*Cameraria ohridella*) ist ein Einwanderer. Wo sie haust, werden die Blätter schon im Sommer braun und welken. Doch es gibt auch nützliche *Neozoen*. Die Florfliege und der Marienkäfer beispielsweise wurden in Nordamerika bewusst als Schadinsektenkiller eingeführt und heimisch gemacht.

In der Natur gibt es kein Gut und Böse. Alles hat seinen Nutzen im Ökosystem und in der Nahrungskette. So gesehen ist der Mensch für die Natur auch ein *Neozoon*, und zwar der allerübelsten Art. So sei es, er ist ein kundiger und bewusster Gärtner, der gegen die Natur für seinen Paradiesgarten kämpft.

»Igitt – wie eklig.«
Destruenten

Man hebt einen Blumentopf hoch, einen Stein, einen Eimer, einen dicken Ast, einen Sack Mulch – überall wo es dunkel und feucht ist, wimmelt es nur so von ihnen: Asseln. Sie stieben blitzartig auseinander und man hört Ausrufe wie: »Igitt – wie eklig.« Finde ich nicht. Alles eine Frage der Sichtweise, denn sie sind erstklassige Nützlinge. Wie die Regenwürmer. Und es wimmeln und krabbeln mit Ekeleffekt noch viele andere Nützlinge im Garten herum, aber wer will die alle benennen. Ob Asseln oder Regenwürmer, es sind *Destruenten*, Zersetzer, das heißt, sie machen aus organischem Material anorganisches. Sympathischer formuliert: Es sind biologische Bodenverbesserer.

Nirgendwo im Garten hat man einen so tiefen Blick in die Erdgeschichte wie beim Gewimmel der Asseln, seien es Mauerasseln (*Oniscus asellus*) oder Kellerasseln (*Porcellio scaber*), denn sie sehen noch genauso aus wie vor 400 Millionen Jahren, als sie aus dem Meer aufs Land krabbelten. Und nicht nur das, sie atmen bis heute mit Kiemen. Deshalb müssen sie es feucht haben und verkriechen sich tagsüber ins Dunkle. Nachts schwärmen sie aus. Sie fressen vor allem zerfallenes pflanzliches Material wie Laub oder moderndes Holz, aber auch Spinneneier, Insektenkadaver und Kot. Sie sind also eine Art Putzkolonne.

Asseln sind erwünschte Nützlinge, auch wenn sie nicht gerade zu den Lieblingen von Gärtner und Gärtnerin gehören.

Es gibt aber noch einen anderen Destruenten: das Rotkehlchen. Wann immer ich umgrabe, kommt es zutraulich nah heran. Es weiß, der Tisch wird mit jedem Spatenstich reich gedeckt. Kaum gehe ich ein paar Schritte weg, pickt es alles auf, was da krabbelt und sich windet. Am liebsten Regenwürmer. Auch wenn es um sie schade ist, handelt es sich beim Rotkehlchen um erstklassige Nützlinge, die obendrein schön anzusehen sind. Die Natur ist nun mal ein Kriegsschauplatz, und Fresskette ist Fresskette.

Das müssten Sie schon gemerkt haben, ein lupenreiner Biogärtner bin ich nicht. Aber ich beschäftige zwei hundertprozentige: *Lumbricus terrestris* heißt der eine, der wie ich gerne im Boden wühlt. Es ist der Gemeine Regenwurm. Der andere Biogärtner heißt *Eisenia fetida*, Kompostwurm. Man glaubt es nicht, aber Regenwürmer leben zwischen drei und acht Jahren, vorausgesetzt Sie treffen ihn nicht ungünstig mit dem Spaten. Denn dass man aus einem Regenwurm zwei machen kann, ist ein Märchen. Wenn aber das Rotkehlchen sein Ende packt, kann er es wie eine Eidechse abfallen lassen und sich schnell verkriechen. Es wächst dann nach. Die Faustregel lautet: Je mehr dieser Würmer im Boden und im Kompost sind, umso bessere Erde und Kompost hat man. Im Internet kann man Regenwürmer für den Garten ab 250 Stück von Wurmfarmen beziehen, allesamt hundertprozentige Biogärtner.

IV DAS BUCH DER PILZ-KRANKHEITEN

»Du spinnst, es ist doch viel zu kalt. Du wirst noch zum Einsiedler«, sagt meine Frau und hält mich für verrückt, weil ich auch im Winter gerne in unseren Garten gehe, um die Stille, die Luft, den Geruch und die Farben des Winters zu genießen. Anstatt mich zu outen, antworte ich lieber: »Ich muss den Pfirsich spritzen.« »Jetzt?« »Ja, jetzt, ehe die Knospen aufgehen, sonst hat er wieder die Kräuselkrankheit.« Wie sagt Sunzi: »Im Krieg ist der Zeitvorteil wichtig, das heißt dem Gegner ein wenig voraus zu sein.« Daran muss man sich als Gärtner halten. Nicht nur im Winter.

Schadpilze

Ein Steinpilz oder ein Pfifferling aus dem Wald oder gar ein Champignon, der bei Ihnen im Garten wächst, ist in der Pfanne eine Köstlichkeit. Ein Pilz auf Rosenblättern, auf Ihren Erdbeeren oder Äpfeln ist ein böser *Parasit*, denn anders als der Steinpilz lebt er nicht von abgestorbenen, sondern von lebenden Pflanzenteilen. Und immer wieder sind ganze Weinernten von Pilzen wie dem Echten Mehltau und dem Grauschimmel schwer betroffen. In der Landwirtschaft geht ohne *Fungizide*, ohne Pilzkiller nichts, selbst in der biologisch-dynamischen darf in der Not zu *Netzschwefel* und *Kupfersulfat* gegriffen werden. Um das mal klarzustellen.

Als hätten wir Gärtner nicht schon genug Feinde. Mit den Schadpilzen kommen Tausende hinzu. Zwar brauchen die meisten 20 bis 25 Grad und eine Luftfeuchte von 90 bis 95 Prozent, um sich zu entwickeln, ihre Sporen jedoch sind Schläfer, die lange warten können, bis sie ihre Sprengstoffgürtel zünden. Manche Schadpilze werden aber schon im Januar aktiv, wie *Taphrina deformans*. Der wissenschaftliche Name sagt es schon, der Pilz deformiert die Blätter, lässt sie kräuseln. Wer wie ich die Kräuselkrankheit verhindern will, muss also schon im Winter raus in den Garten. Klar kann man später die befallenen Blätter ausrupfen und die Äste abschneiden und korrekt entsorgen. Aber nach Sunzi ist es nun mal besser, den Zeitvorteil gegen die Pilzfeinde zu nutzen. Es wird empfohlen, ab Februar fünfmal im Jahr immer im Abstand von einer Woche *Kupfersulfat* zu spritzen. Heißt also: fünfmal rauf auf die Leiter und wehe, es weht ein Lüftchen, das einem die Nebelbrühe ins Gesicht weht.

Was den Rosenkrieg um die »Königin der Blumen« betrifft, so ist er nie vorbei. Zu all den sechs- und achtbeinigen Schädlingen kommen noch die Pilze.

Gleich fünf können einem die Lust an Rosen verderben: Rosenrost, Sterntaurost, Grauschimmel, Falscher und Echter Mehltau. Auch hier hilft es, seinen Feind zu kennen, der in so unterschiedlichen Formen auftritt. Pilze leben wie die Blattläuse und all das andere saugende Zeugs auch von den Nährstoffen in der Pflanze. Nur sind es subversive Feinde, die sich lange nicht zeigen.

Wir alle kennen aus dem Biounterricht die chemische Formel, an der alles Leben hängt: Chlorophyll + Sonnenlicht = Kohlenhydrate. Pilze produzieren kein Chlorophyll, keinen grünen Farbstoff für die Photosynthese, deshalb müssen sie schmarotzen. Und das geht so: Eine mikroskopisch kleine Pilzspore landet auf dem Blatt einer Erdbeere oder eines Apfels. Kommen die richtige Luftfeuchtigkeit und Temperatur hinzu, beginnt sie sofort zu keimen. Es bildet sich ein *Keimschlauch* (*Hyphen*), der durch die Blatthaut oder die Fruchtschale in das Zellgewebe eindringt. Dort wuchert das *Pilz-Myzel*, es durchsetzt Blätter und Früchte wie Krebs und entzieht der Pflanze Nährstoffe. Sie wird krank. Bei den sogenannten Innenpilzen sehen Sie erst einmal nichts, so wie Sie auch im Wald das unterirdische *Myzel* eines Steinpilzes nicht sehen. Denn was Sie in der Pfanne braten, ist nur der Fruchtkörper des Pilzes mit den Sporen. Bei Außenpilzen wie dem Echten Mehltau oder Rußtaupilzen aber können Sie das Pilzgeflecht auf den Blättern entdecken. Das sieht nicht nur unschön aus, die Pflanze ist krank. Ist es an der Zeit, bildet das Pilz-Myzel auch mikroskopisch kleine Fruchtkörper. Sie sehen je nachdem wie Büsche oder Poller am Straßenrand aus, an der Spitze beherbergen sie die *Sporen* (*Koniden*). Millionenfach. Der Wind, das himmlische Kind, Wasser, Ihre Hände oder Gartenwerkzeuge übertragen sie auf andere Pflanzen und infizieren sie. Same procedure.

Ja, es sind Krankheitsinfektionen wie Fußpilz oder Schleimhautentzündungen, von der lebensgefährlichen Lungenentzündung durch Schimmelpilze ganz zu schweigen. So weit, so schlecht. Bei Pilzbefall kann man ja die Blätter entfernen und entsorgen, Triebe zurückschneiden. Muss man auch. Aber man hat es mit einem tückischen Feind zu tun. Doch will man die Pflanzen nicht ihrem Schicksal überlassen, dann helfen manchmal nur noch *Fungizide*.

Meine Bibel, der »Bildatlas des Pflanzenschutzes«, zeigt nicht nur so eindrücklich wie abstoßend alle möglichen Krankheitsbilder von Pilzbefall. Da steht auch geschrieben: »Wichtig ist es für den Gärtner, dass er bei drohender Infektion (lange feuchte Klimaperioden) prophylaktisch arbeitet, das heißt, er bringt einen schützenden Fungizidwirkstoff vor einem möglichen Befall auf die Pflanzen (besonders auf die Blattunterseiten).« Und damit beginnt das Problem. Der Erwerbsgärtner und Obstbauer wird dies sachgerecht tun, hoffen wir es mal. Aber wir, sind wir immer rechtzeitig an der Front? Und

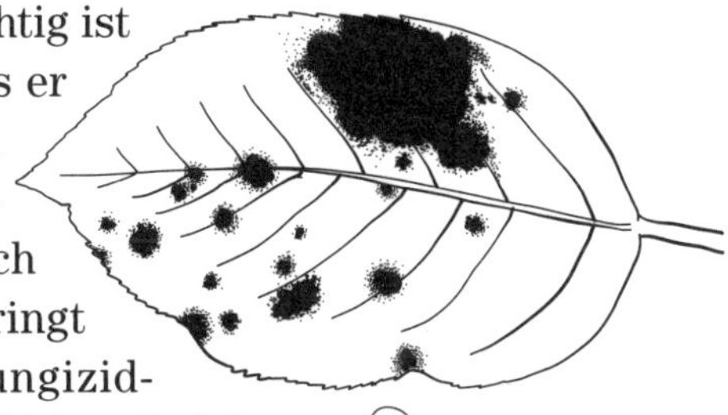

Sterntaurost

was ist uns Nichtgewerblichen ohne Waffenschein erlaubt?

Dem Gärtner stehen zwei Arten von Blattfungiziden zur Verfügung: anorganische Chemikalien wie *Kupferoxychlorid* oder *Schwefel* sowie eine große Palette organischer Chemikalien. Das alles ist eine Wissenschaft für sich. Fragen Sie Ihren Pflanzenarzt oder -apotheker. Es gibt für fast alles zugelassene Mittel, ob Rosenrost, Sterntaurost, Grauschimmel, Falschen oder Echten Mehltau. Wer es ganz genau wissen will, dem sei auch hier das amtliche »Pflanzenschutzmittel-Verzeichnis« des Bundesamtes für Verbraucherschutz und Lebensmittelsicherheit mit seiner Auflistung der zugelassenen Pflanzenschutzmittel für Haus- und Kleingärten empfohlen.

Ich tue in unserem Garten, was man tun kann. Aber nicht alles lässt sich verhindern und nicht jeder Aufwand lohnt, nicht jedes Mittel ist gerechtfertigt. Ich habe eine gewisse Toleranz oder sollte ich sagen Resistenz gegen Pilzbefall von Pflanzen? Nur in einem Fall kann ich richtig fuchsig werden. Davon gleich mehr.

Paradiesfrüchte

Paradeiser, Goldäpfel, welch schöne Namen. Hört sich nicht nur besser an als Tomaten, ist auch treffender. Okay, Holland hat in die wässrigen unverrottbaren Wasserbälle mittlerweile auch Geschmacksgene implantiert. Aber was ist das gegen eine selbst gezogene, gehegte und gepflückte Tomate aus dem Garten? Auch ihr Hauptfeind ist ein Pilz (*Phytophthora infestans*), der Erreger der gleichnamigen Kraut- und Braunfäule, die auch zur Kartoffelkatastrophe in Irland führte. Kommt dieser Pilz auf die Blätter, bräunen und verwelken sie und die Tomate wird ungenießbar. Tomaten sind in Kleingärten äußerst beliebt. Da der Gärtner weiß, nur ja kein Wasser von oben, zimmert er sich Tomatendächer oder stellt fertige Plastikgehäuse auf. Eines schöner als das andere. Schier zum Weggucken.

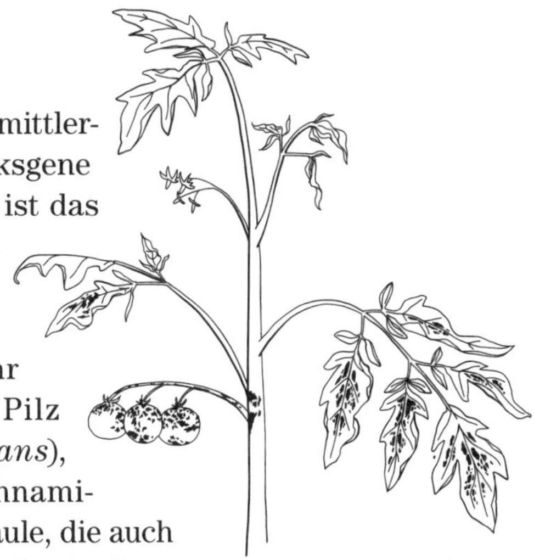

Tomatenpflanze mit Braunfäule

Es gibt neue und alte Tomatensorten, die mehr oder weniger resistent sind gegen den Pilz. Ich verlasse mich in dieser Hinsicht auf nichts, die Tomaten kommen ins Gewächshaus und unter einen Dachvorsprung. Von oben geschützt, arbeitet sich der Feind nun aber von unten in die Höhe. Er kommt nämlich nicht nur mit dem Regen, sondern auch mit dem Gießwasser. Deshalb unbedingt die unteren Blätter abzwicken, damit kein Spritzwasser rankommt. Wenn Hausmittel wie der Spritzsud von mit kochend heißem Wasser übergossenen Rhabarberblättern nicht helfen, greife ich zu *Fungiziden*, denn aus dem Gartentomaten-Geschmacksparadies möchte ich nicht vertrieben werden.

Nicht minder beliebt bei der Kraut- und Braunfäule sind Erdbeeren. Aber auch der Grauschimmel (*Botrytis cinerea*) liebt Erdbeeren. Die Grauschimmelfäule ist allerdings nicht nur auf Erdbeeren spezialisiert, sie ist eine Generalistin. 235 Wirtspflanzen kann sie befallen. Das kann Winzer in regenreichen Jahren zur Verzweiflung treiben. Die EU erlaubt dann sogar für biologischen Anbau höhere Konzentrationen und mehr Anwendungen von *anorganischen Fungiziden* wie *Kupfersulfat*. Aber trotzdem kommt es zu dramatischen Ernteausfällen. *Kupfersulfat* ist auch mein Mittel gegen die Kräuselkrankheit. Bei allem, was höher hängt als Pfirsiche, wird es für den Gärtner schwierig: Hochstämme von Äpfeln und Kirschen werden von Monilia (*Monilinia*) befallen, durch die Monilia-Fruchtfäule und die Monilia-Spitzendürre oder von der Schrotschusskrankheit. Resistente Sorten pflanzen wird geraten. Klar, aber meine Bäume haben ein stattliches Alter, spenden erfreulichen Schatten, soll ich sie etwa rausreißen? Ich pflege sie und tröste mich damit, dass Monilia-Äpfel auf dem Kompost – ja, man kann sie bedenkenlos auf den Kompost schmeißen – die ideale Brutstätte für Regenwürmer sind.

Da ist aber ein Pilz, der in den Gärten Schäden in Millionenhöhe verursacht, der Weltkulturerbe vernichtet und einen zum Heulen bringen kann: der

Cylindrocladium buxicola. Gegen diesen Pilz gibt es angeblich kein Mittel. Wirklich nicht?

Das Buchsbaumsterben
Cylindrocladium buxicola

Als wir 2014 aus den Ferien zurückkamen, führte mich mein erster Weg wie immer in den Garten. Schock, Katastrophe: Die immergrünen Buchsumrandungen wie abgestorben, graue Blätter, kahle Stängel, der Boden übersät mit grauem Laub. Ist es der Buchsbaumtod, von dem ich in der Zeitung gelesen hatte, oder vielleicht Buchsbaumkrebs (*Volutella buxi*), Buchsbaumrost (*Puccinia buxi*) oder die Stängelgrund- und Wurzelfäule (*Phytophthora nicotianae*)? Ich will Sie nicht mit Schadbeschreibungen wie orangebraunen Flecken, die wie Eiterbeulen aussehen, langweilen. Schnell im Internet nachgesehen. Alles schlimm, aber was wir im Garten hatten, war der Supergau: *Cylindrocladium buxicola*, das Buchsbaum-Triebsterben. Tenor aller kompetenten Internetseiten: Dagegen kann man nichts machen, als die Büsche auszureißen und zu verbrennen. Wer den Buchs neu anpflanzen will, sollte die Erde abtragen und fünf Jahre warten. Da tröstet es mich nicht, dass der Herrenhäuser Schlossgarten in Hannover betroffen ist und auch der Benrather Schlossgarten in Düsseldorf mit seinen Aberhunderten Metern von Buchsbaumhecken befallen wurde. Er musste sogar komplett gerodet werden. »Die schlimmste Lage, in die ein Kriegführender kommen kann, ist die gänzliche Wehrlosigkeit.« So Clausewitz. Aber ist man tatsächlich wehrlos, wie überall im Internet zu lesen ist?

Die Invasoren-Sporen des Buchsbaumsterbens kamen vermutlich mit Pflanzenimporten aus Asien und Friedhöfe dienten ihnen als Basecamps. 1996 sind sie in Großbritannien und Neuseeland zugleich aufgetreten; 2004 gab es das Buchsbaumsterben erstmals auch in Deutschland, 2006 in der Schweiz auf dem Friedhof von Bois-de-Vaux in Lausanne. Heute ist der Todfeind des Buchsbaums nicht nur in ganz Deutschland, sondern europaweit zu finden. Dieser Terrorist kommt nicht nur mit dem Wind, er ist auch ein Schläfer: Jahrelang können die mikroskopischen Dauersporen im Boden ausharren, bis sie wieder zuschlagen. Für mich ist *Cylindrocladium buxicola* der ärgste Feind unter den Schadpilzen im Garten. Er entwickelt sich unter Nässe, fünf bis sieben Stunden Regen und 25 Grad findet er ideal. Aber auch fünf Grad reichen ihm schon. Der Pilz verbreitet sich nun über mikroskopisch kleine Sporen in Windeseile.

Dann ist Schadensbegrenzung angesagt, dann versuche ich zu retten, was zu retten ist, und zu verhindern, was zu verhindern ist. Ich habe schon die befallenen Triebe ausgeschnitten, die Büsche gelichtet, die befallenen Blätter abgestreift, ausgeschüttelt und die Blätter vom Boden gefegt. (Wahrscheinlich sollte man das besser mit einem Industriestaubsauger machen.) Ich habe auch schon die oberste Schicht Erde abgekratzt und alles säckeweise im Hausmüll entsorgt. (Nur ja nicht auf den Kompost!) Einige Büsche, die ganz hinüber waren, habe ich ausgegraben. Und ich habe mir gemerkt: Keine Überkopfbewässerung in Zukunft! Das war schon mal der erste Fehler, den ich gemacht hatte. Immer von unten wässern, nie auf die Blätter! Klar, Petrus hält sich nicht dran. Das Nachferiengefecht hat mich tagelang beschäftigt. Aber was dann?

Beim Durchsuchen des Internets lese ich irgendwo: »Im Haus- und Kleingarten sind keine Pflanzenschutzmittel zur Bekämpfung des Triebsterbens zugelassen.« Heißt das, es gibt solche Mittel? Es gibt ein *Fungizid* mit den Wirkstoffen *Fludioxonil* und *Cyprodinil* (Handelsname SWITCH). Winzer und Erdbeerbauern benutzen es. Die eidgenössische Forschungsanstalt Agroscope Changins-Wädenswil im Kanton Zürich empfiehlt es auch gegen *Cylindrocladium buxicola*. Es wirkt nicht nur auf der Oberfläche von Pflanzen gegen Pilze und Sporen, sondern auch von innen, denn es ist ein *systemisches Fungizid*. In der Schweiz ist es auch für Haus- und Kleingärten zugelassen. Kennen Sie einen Krieg ohne Waffenhandel über Grenzen hinweg oder ohne Waffenlieferung von Verbündeten wie Winzern und Erdbeerbauern, die das nützliche Kampfmittel gegen Pilze spritzen dürfen? Aber lassen wir das.

Immerhin gibt es in Deutschland auch zugelassene Wirkstoffe, die als Nebenwirkung (!) auch vor dem Blatt- und Triebsterben schützen sollen. Vorbeugend, nicht heilend. Alles, was »pilzfrei« im Namen hat, kommt dann infrage mit unterschiedlichen Wirkstoffen. Ich entscheide mich dafür zu spritzen, was das Zeug hält. Denn was wäre unser Garten ohne Buchs?

Es sind alljährliche Gefechte, sie sind vorerst gewonnen: Die Triebe grünen wieder aus. Aber ist auch die ganze Schlacht gewonnen? Ist der Pilz weg oder kommt er wieder?

Jeder Stratege muss einen Plan B haben. Ich habe angefangen, ein paar »würdige Vertreter« für den Buchs nachzupflanzen: *Ilex crenata* und *Ilex ímpala*, die Kleinlaubige Japan-Hülse, kleine Stechpalmen, die nicht stechen. Da müssen Sie zweimal hingucken, um den Unterschied zum Buchs zu erkennen. Trotzdem: Die Waffen strecke ich noch lange nicht!

V DAS BUCH DER PLAGEGEISTER

»Allein die kriegerische Tätigkeit zerfällt in zwei Formen. Angriff und Verteidigung. Verteidigung ist leichter als Angriff.« Was das betrifft, ist Clausewitz kaum zu widersprechen. Mit einer guten Verteidigungstaktik kann man sich erfolgreich der bohrenden, beißenden und stechenden Plagegeister im Garten erwehren. Aber man sollte seine Gegner nie unterschätzen. Denn manche der Plagegeister im Garten können auch gefährlich werden. Nicht immer ist der Gärtner der Mörder.

Herbst- oder Erntemilben
Neotrombicula autumnalis

Oh, diese Mücken! All die Nachbarn mit ihren Regentonnen und Gießkannen, in denen es nur so wimmelt von den zuckenden Larven der Stechmücke, die sich schon bald entpuppen und blutgierig in die Lüfte steigen werden. Bei Sonnenuntergang werden sie sich auf mich stürzen und von meinem roten Saft schlürfen, dass ich mich an ihren Stichen totkratzen könnte. Kann es wirklich sein, dass die Blutsauger einen durch Hose und Hemd stechen? Und auch vor dem Gummi eines BHs nicht haltmachen, sondern Stich neben Stich setzen, 20 und mehr? Und so höllisch

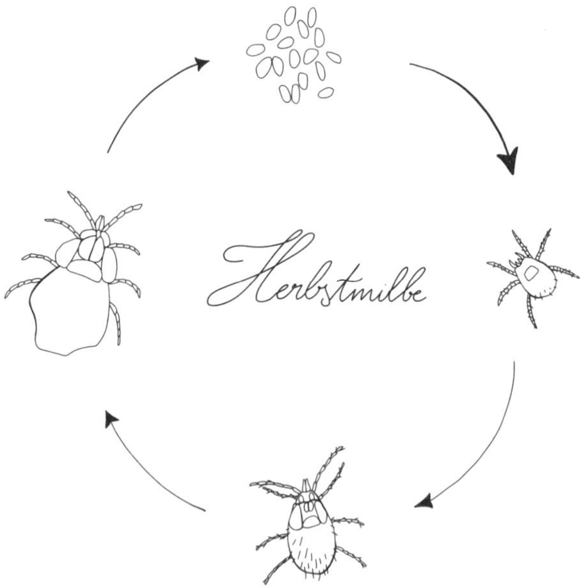

juckende Stellen hinterlassen! Als ich den Gartennachbarn unser Leid klage, heißt es nur lapidar: »Aber nein, das sind keine Mücken, es sind Grasmilben. Haben wir immer. Ab Mitte Juli, wenn die Stangenbohnen reif werden, geht es los.«

Der Feind ist unsichtbar, so gut wie unsichtbar, nur 0,2 Millimeter lang. Und wenn es anfängt zu jucken, ist er meist schon längst wieder volltrunken verschwunden. Aber er kann sich auch ein paar Tage bei uns einnisten. Grasmilben werden sie üblicherweise genannt. Schön wäre, wenn es sich tatsächlich um welche handelte, denn die leben von Pflanzensäften. Diese Milbe aber lebt von mir. Die Herbst- oder Erntemilbe ist im letzten Jahrzehnt in vielen Regionen zu einer Plage geworden, in Gärten, Parks und Grünanlagen. Sie befällt Warmblütler wie mich, durchbohrt ihre Haut mit dem Mundwerkzeug, injiziert Speichel, der das Haut- und Untergewebe zu flüssigem Brei werden lässt, den sie bis zu fünf Stunden lang schlürft, wie unsereins Cocktails. Ist sie auf ihre dreifache Größe aufgetankt, fällt sie in der Regel ab.

Es gibt Feinde, und es gibt Feinde. Herbstmilben sind meine Todfeinde. Sie leben nicht nur – wie man gartenläufig meint – im Gras an der Spitze von Halmen. Herd an Herd lauert überall im Garten, auf Beeten, Büschen und Sträuchern. Und wenn ein Lebewesen mit einer Betriebstemperatur von über 30 Grad an einer Erntemilbe vorbeistreift, hat es sie am Körper. (Nur auf Stein und Kies ist man in Sicherheit vor ihnen, wenn der Garten befallen ist.) Sie saugen auch Mäuse und Vögel an. Ist mir egal. Einen Hund haben wir auch nicht. Soll für sie übel sein. Aber Kinder kommen und gute Freunde. Nur – wie lange noch?

Einmal auf dem Schuh, der Hand oder dem Kopf des Gartenfreundes gelandet, krabbelt die Milbenlarve mit ihren sechs Beinen auf der Suche nach Feuchtgebieten in Hautfalten. Mit bis zu sieben Stundenkilometern ist sie unterwegs. Stößt sie an eine

Barriere wie Hosenbund oder BH-Gummi, gräbt sie sich dort ein. Erst etliche Stunden später beginnt es zu jucken, dann ist sie schon weg oder sitzt fest im Fleisch. Und es juckt nicht nur, es juckt wie verrückt, es kann einen in den Wahnsinn treiben, man kratzt sich, es bilden sich Quaddeln, man kratz die Quaddeln auf, die sich entzünden, weißes Sekret … Gut, so genau wollen Sie das jetzt nicht wissen. Da tröstet es auch nicht, dass die Herbstmilbe kein Blutsauger ist. Was kann man tun? Nichts, sagen die Nachbarn. »Haben wir seit Jahren. Da muss man durch.« ICH aber halte das nicht aus. Es ist so schlimm, dass ich ernsthaft überlegt habe, den Garten aufzugeben.

Neotrombicula autumnalis ist ein Parasit, ich bin der Wirt, damit aus der *Larve* eine *Nymphe* wird und aus ihr das eierlegende Spinnentier, das im Boden lebt. Aus den Eiern schlüpfen wiederum die Larven, und der Kreislauf schließt sich. Nicht jeder Garten ist befallen. Schon Nachbars Garten kann herbstmilbenfrei sein. Sie sind leicht mit der *KFM* nachzuweisen, mit der wissenschaftlich erprobten *Kachelfangmethode.* Legen Sie weiße Kacheln auf den Rasen, auf Beete und unter die Büsche. Herbstmilben lieben weiße Kacheln, warum auch immer; weiße Papierblätter tun es auch. Nach einer halben Stunde sehen Sie mit dem Vergrößerungsglas nach, ob die winzigen blassrosa Quälgeister zu finden sind. Zählen Sie sie durch: 50 Exemplare der Quälgeister deuten auf einen heftigen Bestand hin. Bei mir finden sich nur drei, vier auf der Kachel. Aber schon das sind mehr als genug, denn schon wenige Stiche können mich zum Wahnsinn treiben. Die Larven der Herbstmilben können das ganze Jahr über aktiv werden, sogar im Winter. Aber auf Kriegszug gehen sie meist erst ab Mitte Juli, wenn die Erntezeit beginnt, und dann bis Ende Oktober, deshalb der Name.

Ich will unseren Garten aber nicht aufgeben. Was tun? Aus den Tiefen des Internets kommen wie immer superkluge Ratschläge: »Mähen, mähen und wässern.« Dann würden sich die Herbstmilben in den Boden zurückziehen. Und was ist mit denen, die auf den Büschen lauern? »Tauschen Sie das befallene Erdreich aus.« Aber dann unbedingt bis zu 60 Zentimeter tief! Eine sehr praktikable Idee. Oder: »Schütten Sie kochendes Wasser auf die Beete, spritzen Sie flächenmäßig den Rasen mit einem *Insektizid* oder ganz biologisch mit *Neem* ein.« Dann aber werden Sie mit absoluter Sicherheit auch die nützlichen Fressfeinde der Herbstmilbe killen. Am wirkungsvollsten soll es sein, von Mitte Juli bis Oktober einfach nicht in den Garten zu gehen. Dann könnte ich ihn ja gleich aufgeben! Jedenfalls, wenn Sie einen Hang zum Masochismus haben sollten, probieren Sie alles durch, was die Gartenfolklore so singt. Für Gartenarbeit an sich müssen Sie ohnehin schon eine gehörige Portion Masochismus aufbringen. Ist das nicht schon genug?

»Wenn du dich und den Feind kennst, brauchst du den Ausgang von hundert Schlachten nicht zu fürchten«, sagt Sunzi in »Die Kunst des Krieges«. Heißt für mich: Sei diszipliniert und sorgfältig. Mein Abwehrkampf von Mitte Juli bis Ende Oktober besteht in einem ausgeklügelten Ritual beim Betreten des Gartens: Fesseln und Handgelenke mit einem *Repellent*, einem Vergrämungsmittel mit *Icaridin* oder DEET (*Diethyltoluamid*) einsprühen oder einreiben, Nacken und Hals nicht vergessen! Denn der Feind kommt nicht nur die Beine hochgekrabbelt, Sie können ihn sich auch an den Händen oder dem Kopf bei der Gartenarbeit einfangen. Ich nehme Spray und sprühe auch Schuhe und Socken ein. Keine Milbenlarve soll durchkommen. Und nicht vergessen: auch die Beine des Liegestuhls im Gras einsprühen. Sie kommen sonst zuverlässig über Umwege zu Ihren Feuchtgebieten.

Den einen trifft's mehr, den anderen weniger. Der eine findet es erträglich, der andere nicht zum Aushalten. Zu Letzteren gehöre ich. Deshalb lautet meine Devise: abwehren, abwehren, abwehren. Doch bei aller Prävention, eine fängt man sich immer ein. Was tun, wenn es dann wie wahnsinnig juckt, wenn sich rote Quaddeln bilden, wenn Milben durchgekommen sind? Fragen Sie Ihren Arzt oder Apotheker. Kein Witz. Als Erstes aber die Stiche mit 70-prozentigem Alkohol desinfizieren. In der Apotheke bekommen Sie etwas, das die Haut beruhigt und antiallergisch wirkt. Nur ja nicht kratzen, das kann zu gemeinen Entzündungen, ja Geschwüren führen. Ohne Behandlung können die Beschwerden bis zu 14 Tage anhalten.

Damit ich immer weiß, wann die Gefahr droht, pflanze ich jedes Jahr Feuerbohnen. Sie blühen nicht nur schön an den Stangen und eignen sich für tolle

Gerichte, wenn sie anfangen zu blühen, weiß ich: ACHTUNG: Einschmieren gegen die Herbstmilben! Nur eines ist tröstlich: Die Herbst- oder Erntemilben sind keine Zecken, sie übertragen nicht die schwere Krankheit Borreliose.

Der Gärtner ist nicht immer der Mörder: Zecken

Den allerärgsten Feind im Garten sollte man besonders gut kennen. Die Rede ist vom Gemeinen Holzbock (*Ixodes ricinus*). Ihn einen Vampir zu nennen wäre noch zu harmlos. Dieser Blutsauger aus der Familie der Schildzecken kann nämlich zum Mörder werden.

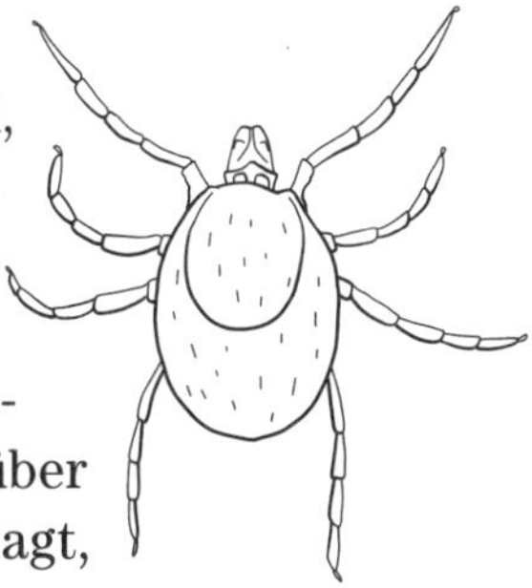

Jetzt sagen Sie, Zecken gibt's nicht im Garten, die gibt's doch nur im Wald, wo sie von den Bäumen fallen. Letzteres ist ein Märchen, Ersteres überholt. Zecken sind mittlerweile auch im Englischen Garten in München nachgewiesen. Und wenn mein Gartennachbar über seine »Sommergrippe ohne Fieber« klagt, über Glieder- und Gelenkschmerzen, Erbrechen und Kopfschmerzen und meint, es sei in sieben Tagen vorbei, dann rate ich ihm, unbedingt zum Arzt zu gehen. Kommt Fieber hinzu, sowieso. Aber der Reihe nach.

Zecken leben allein von Blut. Für jedes ihrer drei Entwicklungsstadien: *Larve – Nymphe – Adulte*, also erwachsene Zecke, brauchen sie einen Zwischenwirt, dem sie den roten Lebenssaft abzapfen können, egal ob Maus, Igel oder Katze, ehe sie sich am Endwirt gütlich tun. Bei der Schafzecke sind es Schafe, bei der Hundezecke Hunde, beim Gemeinen Holzbock sind wir es. Damit könnten wir gut leben, wenn nicht …

Zunächst einmal, Zecken wie unser Gemeiner Holzbock haben unendlich viel Geduld. Der Gemeine Holzbock gehört nicht zur Zeckenfamilie der Jäger, sondern ist ein Lauerer. Er fällt nicht vom Baum, wie immer geglaubt wird, er lauert im Laub, auf Grashalmen, auf Pflanzen und auf Büschen. Ab etwa acht bis zehn Grad Tagestemperatur wird er aktiv. Streift ein Warmblütler an ihm vorbei, springt er drauf und zeckt sich mit seinen Klauen an seinem neuen Wirt fest. Uns Menschen kann er schon auf Distanz besonders gut riechen. Hat er sich an der Kleidung angehakt, geht auch er auf die Suche nach Feuchtgebieten (Kniekehle, Lendenbeuge, Achselhöhlen). Beliebt ist auch die zarte Haut hinter den Ohren.

Zecken sind freundlich, auch der Gemeine Holzbock. Hat er eine schöne Stelle gefunden, schneidet er zwar mit den scharfen Zähnen seiner zwei Kieferklauen (*Cheliceren*) ein Loch in die Haut, fährt seinen Langrüssel (*Hypostom*) aus und hakt sich mit Widerhaken fest. Tritt dann aber Blut aus, beginnt er nicht nur mit seiner Blutmahlzeit, sondern spuckt, damit er uns nicht wehtut, in die Wunde ein lokales

Betäubungsmittel – kennen Sie von Ihrem Zahnarzt. Obendrein ist in seinem Speichel noch ein entzündungshemmendes Mittel. So weit, so nett, so harmlos. Das Problem ist aber, immer mehr Gemeine Holzböcke sind mit einem Bakterium durchseucht. Das tut ihm nichts, aber uns. Der Bakterienforscher Willy Burgdorfer hat das Bakterium erst 1981 nachgewiesen, deshalb trägt es jetzt seinen Namen: *Borrelia burgdorferi.* Das Bakterium ist der Auslöser der Borreliose, medizinisch genau die Lyme-Borreliose, benannt nach dem Ort Lyme in Amerika, wo man auf den Zusammenhang stieß. (Man sollte eben aufpassen, was man entdeckt und wo man wohnt, sonst bleibt es ewig an einem hängen.)

Jetzt muss mal die Statistik bemüht werden: Von 100 Menschen, die in Deutschland vom Gemeinen Holzbock angezapft werden, infizieren sich je nach Region eine bis sechs Personen, bei 0,3 bis 1,4 Prozent von ihnen kommt es zu einer mehr oder weniger schweren Lyme-Borreliose, hat das Robert-Koch-Institut ermittelt. Dass schon Ötzi, der Mann aus dem Eis, vor 5300 Jahren von *Borrelia* befallen war, ist kein wirklicher Trost. Die gute Nachricht: Da es sich bei *Borrelia burgdorferi* um ein Bakterium handelt, kann es mit Antibiotika abgetötet werden – je früher es als Übeltäter entdeckt wird, umso besser. Der verseuchte Holzbock saugt stunden-, manchmal tagelang an seinem Opfer, ehe er sich vollgetankt hat und abfällt. Am besten also die Zecke möglichst früh und auf frischer Tat stellen.

Als wenn das nicht schon genug wäre. Mit dem

Speichel kann die Zecke auch noch den FSME-Virus übertragen, den Erreger der Frühsommer-Meningoenzephalitis. Was dieser Virus für Krankheiten auslöst, wollen Sie womöglich gar nicht wissen. Sie sehen: Nicht der Gärtner ist immer der Mörder. Aber auch hier gibt es eine gute Nachricht: Man kann sich gegen FSME impfen lassen, nein, man sollte es sogar unbedingt tun, wenn man in Hoch- und Risikoregionen lebt, in denen Zecken vorkommen. Naturliebhaber und Gärtner in Bayern, Baden-Württemberg, dem Saarland und Hessen und neuerdings auch in Thüringen und Mecklenburg-Vorpommern wissen das hoffentlich. (Die amtlichen Risikogebiete sind in der FSME-Karte des Robert-Koch-Instituts verzeichnet.)

Zecken sind zu einer weit verbreiteten Gefahr geworden, auch im Garten. Aber keine Panik, klaren Kopf behalten! Es gibt auch gegen Zecken *Repellentien*, Vergrämungsmittel. Sie bieten einen gewissen Schutz, aber auch einen absoluten? Besser ist es, in Zeckengebieten, nach Wald-, Park- und Gartenaufenthalten den Körper nach Zecken abzusuchen. Die unscheinbaren Biester pumpen sich nach und nach bis zur beachtlichen Größe von einem fetten Zentimeter auf. Wenn man sie entdeckt, alles strikt unterlassen, was geraten wird: Nehmen Sie nur eine Zeckenzange nach Gebrauchsanweisung oder noch besser eine Zeckenkarte (Save-Karte). Die sollte man immer bei sich haben!

Untrügliches Zeichen für eine Borrelioseinfektion ist eine Wanderröte. Fühlen Sie sich grippig, haben

Sie Glieder-, Gelenk- und Kopfschmerzen, heißt es zum Arzt gehen. Und – sorry, liebe Ärzteschaft – sich selber schlaumachen, denn ich kenne Fälle mit falschen Diagnosen. Das ist nicht witzig! Also noch mal: Wer in Risikogebieten lebt, sollte sich eine FSME-Impfung verpassen lassen. Wie überhaupt jede Gärtnerin und jeder Gärtner sich alle zehn Jahre gegen Tetanus impfen lassen sollte. Kinder sowieso. Auch der Erreger des Wundstarrkrampfes ist, je nachdem, ein mörderisches Bakterium (*Clostridium tetani*), und er liebt es wie wir, im Gartenboden zu wühlen.

Da lobe ich mir doch die Mücken. Sind auch nicht ganz ohne, aber in unseren Breiten doch eher Plagegeister als Krankmacher – oder gar Mörder. Noch nicht.

Wespenalarm

Was ist da nur los? Im Geräteschuppen unter der Decke finde ich etwas, das wie ein Tischtennisball aussieht, allerdings ist es nicht weiß, sondern grau. Das runde Ding hängt wie an einem Stiel von der Decke herab. Ich habe den seltsamen Ball abgemacht – aber das hätte ich nicht tun dürfen. In einer dünnen Papierhülle mit einer Öffnung unten befindet sich ein Stockwerk leerer Waben. Aha, das sollte wohl ein Wespennest werden. Schade!

Wespen gehören zu den geschützten Tieren. Ich habe im Internet nachgesehen* und festgestellt, dass mir da ein Naturschauspiel entgangen ist, denn die Sächsische Wespe (*Dolichovespula saxonica*) ist nicht nur besonders geschützt, sie gilt selbst in Nestnähe als friedlich. Aber das Nest hatte ich nun leider zerstört. Doch was nicht ist, kann ja noch werden. Und siehe da, die Königin suchte sich einen anderen Platz und fing noch einmal von vorne an – und stand von da an unter interessierter Beobachtung. Nach zwei Wochen hatte sie die ersten Arbeiterinnen ihres Königinnenstaats großgefüttert. Die flogen aus, um irgendwo Altholz abzuraspeln und mit Klebespeichel aus dem Papier Schicht um Schicht einen wachsenden Ball zu bauen. Andere Untertanen sind als Beutejäger eingesetzt oder als Nannys, die die Larven in den Waben mit einem Brei aus getöteten Insekten füttern. Damit wir uns beim Türöffnen nicht in die Quere kamen, hatte ich ein Aus- und Einflugloch für sie über der Tür gebohrt. Im August war das Nest handballgroß und der Sächsische Wespenstaat dürfte mehr als 400 Untertanen gehabt haben.

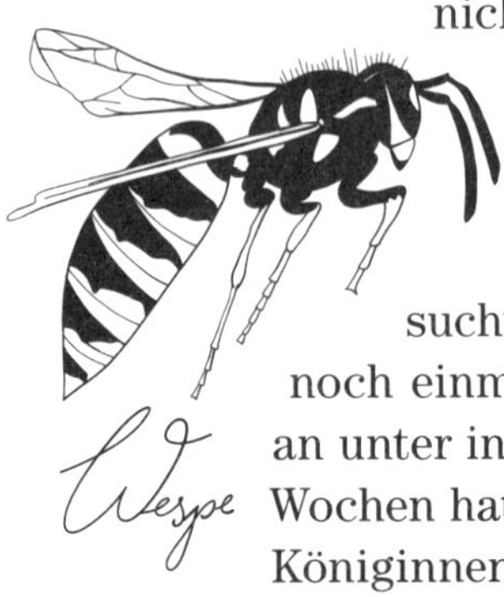

Wir haben viele Wespenarten, aber die meisten von ihnen nehmen wir gar nicht wahr. Anders die zwei Plagegeister, die Gemeine Wespe (*Vespula vulgaris*) und die Deutsche Wespe (*Vespula germanica*).

* www.aktion-wespenschutz.de

Die werden ab August echt lästig, und zwar meist, wenn wir grillen oder bei Kaffee und Kuchen zusammensitzen. Denn dafür ist ja ein Garten auch da, bei manchen »Gärtnern« sogar ausschließlich. Dann ist Wespenalarm. Rumfuchteln, rumrennen, Panik. Alles unnötig, alles falsch. Bei Wespenalarm cool bleiben, nicht nach den Wespen schlagen und sie auch nicht anpusten (!), nicht aufspringen und nicht rumrennen. Das alles ist für Wespen eine Kriegserklärung – und dagegen wehren sie sich mit einem Stich. Tut weh, kann sogar sehr wehtun. Wespen können sogar gleich mehrmals zustechen, denn anders als bei den Bienen bleibt ihr Giftstachel nicht in unserem Fleisch stecken. Und noch eins: Wenn Sie ein Wespennest entdeckt haben, stellen Sie sich nicht in die Flugbahn und halten Sie einige Meter Abstand – und alles ist gut.

»Wir können mit benachbarten Fürsten kein Bündnis eingehen, wenn wir nicht ihre Absichten kennen«, sagt Sunzi. Die Absichten der Wespen und Hornissen sind jedoch bekannt. Zum einen brauchen sie Nektar, Pflanzensäfte und gern den Honigtau der Blattläuse als Flugbenzin. Was den Obstbauern ärgert, kann uns ziemlich egal sein. Zudem brauchen sie Proteine, um ihre Larven damit zu füttern. Dafür killen sie mit ihrem Giftstachel Raupen und Spinnen, zerkauen Blattläuse und andere Schadinsekten zu Brei. Damit sind sie des Gärtners Freund und der der Gärtnerin ebenso. Wespen und Wespenschutz sind deshalb eins. Nützlich sind alle Wespen, selbst die beiden Plagegeister Gemeine Wespe und Deutsche Wespe. Doch die lieben auch Cola, Steak und Pflaumenkuchen. Also müssen Sie die Teller zudecken oder wegstellen, immer einen Strohhalm nehmen und nie, nie aus der Flasche oder gar aus der Dose trinken. Und noch eins: Wespenfallen mögen in Obstplantagen angebracht sein, im Garten sind sie schlicht kontraproduktiv. Beim Wettbewerb »Jugend forscht« haben einmal zwei Schülerinnen getestet, womit man Wespen am besten weglocken und beschäftigen kann: Marmelade und Honig tun's zwar, aber überreife Weintrauben haben sich am meisten bewährt.

Auch mir wird erst einmal ganz anders, wenn eine bis zu drei Zentimeter lange Hornisse (*Vespa crabro*) mit ihren Schreckfarben angeflogen kommt. Aber auch hier Entwarnung. Hornissen greifen niemals grundlos an, sind eher scheu und defensiv. Und der Nutzen für den Garten? Ein Hornissenstaat vernichtet täglich ein halbes Kilo Insekten, die Ihren Pflanzen und Bäumen zusetzen. Das ist doch was.

Allerdings, man sollte sie nicht quetschen und von ihrem Nest sollte man am besten sechs Meter Abstand halten. Der Schmerz eines Stiches wird mit dem »Schmidt Sting Pane Index« gemessen. Danach ist ein Hornissenstich mit 2,0 so schmerzhaft wie ein Bienen- oder Wespenstich und genauso giftig. Wenn Sie also gestochen werden, die Zähne zusammenbeißen, den Stich mit Eis kühlen und dann Insektencreme drauf. Ins Reich der Legende gehört der Spruch: »Sieben Stiche töten ein Pferd, drei einen Menschen.« Bienen- und Wespenstich-Allergiker sollten allerdings immer ein Gegenmittel dabeihaben!

Ansonsten gehören alle Bienen, Wespen und Hornissen zu den besonders geschützten Arten, und Hummeln sowieso. Nestentfernung nur mit Genehmigung durch Experten. Dumm nur, dass zum Beispiel die Lehmwespen die Bundesartenschutzverordnung (BArtSchV) Anlage 1 nicht lesen. Sie sollten ihre Waben aus Lehm besser nicht in die Falten unseres Gartenschirms bauen. Kann ich doch nicht wissen, dass da Nützlinge drinstecken.

Was die an und für sich friedlichen Sächsischen Wespen angeht, will ich Folgendes nicht verschweigen. Nach einigen Jahren der Koexistenz entwickelten einzelne Individuen geradezu einen Killerinstinkt gegen mich. Sie flogen mir wie Kamikazeflieger ins Gesicht und fügten mir mehrfach schmerzhafte Stiche zu. Ich hatte sie bedenkenlos im Geräteschuppen, in den ich oft reinmusste, ihr Nest bauen lassen. Einige Monate ging das gut, schließlich half nur noch Notwehr aus der Sprühdose gegen die zum Feind mutierte Parallelgesellschaft in meinem Gartenstaat.

Stechmücken
Culicidae

»Du hast eben süßes Blut.« Klarer Fall, denn meine Frau wird ziemlich selten gestochen und wenn, dann juckt es sie erst viele Stunden später. Mich umschwirren die Mücken und wenn sie stechen, juckt's sofort.

Und wie! Die Wissenschaft sagt aber, das mit dem süßen Blut sei ein Märchen. Was das betrifft, kann ich der Wissenschaft nicht glauben, aber ein Rätsel hat sie für mich gelöst: Wenn ich im Sommer unsere Eibe, die Giftpflanze des Jahres 2011, streife, wenn ich den Portugiesischen Kirschlorbeer oder die Buchenhecke nachschneide, fliegen scharenweise Mücken empor. Was machen die da? Auf mich warten, dass sie mein Blut zapfen können? Was ich zunächst nicht wusste: Mein Blut brauchen nur die Weibchen, um Eier in die Regentonnen und Gießkannen der Nachbarn zu legen, für neue Schwärme der Plagegeister. Ansonsten sind die Stechmücken Vegetarier. Wie die Blattläuse leben sie von süßen Pflanzensäften und Nektar. Sollen sie meinetwegen. Aber nicht mein Blut saugen!

Die Gemeine Stechmücke (*Culenx pipiens*) und die Ringelmücke oder Große Hausmücke (*Culiseta annulata*) sind es, die uns in Deutschland vornehmlich plagen. Im Internet unter www.mückenatlas.de können Sie nachsehen, wo und wann sie aktiv werden. Sogenannte »Gelsenjäger«, also Mückenjäger, melden dort, wann die Blutsauger loslegen, damit sie rechtzeitig bekämpft werden können. Unsere einheimischen Stechmücken sind zwar eine Plage, aber keine tödliche Gefahr. Jedenfalls noch nicht. Mit der Globalisierung und dem Klimawandel kommen jedoch neue Stechmücken zu uns.

Aedes albopictus, die Asiatische Tigermücke ist an den weißen Tigerstreifen gut zu erkennen. Als Überträgerin des Dengue-Virus und von Malaria ist sie bekannt, als Überträgerin des Zika-Virus macht sie neuerdings Schlagzeilen. Nicht nur mit Warentransporten aus Asien ist sie bei uns angekommen, 2015 ist die erste »stabile Population« innerhalb Deutschlands festgestellt worden, heißt: Dank steigender Jahrestemperaturen schafften es die Mücken zu überwintern. Wo? In einem Kleingarten in Freiburg. Die nicht minder gefährlichen *Anopheles*-Mücken und die Gelbfieber-Mücken (*Aedes aegypti*) sind auch schon da. Eine Millionen Tote jährlich zählt die Weltgesundheitsorganisation durch Malaria infolge von Mückenstichen, 60 000 durch das Dengue- und Gelbfieber. Einen Impfstoff gibt es bekanntlich noch nicht.

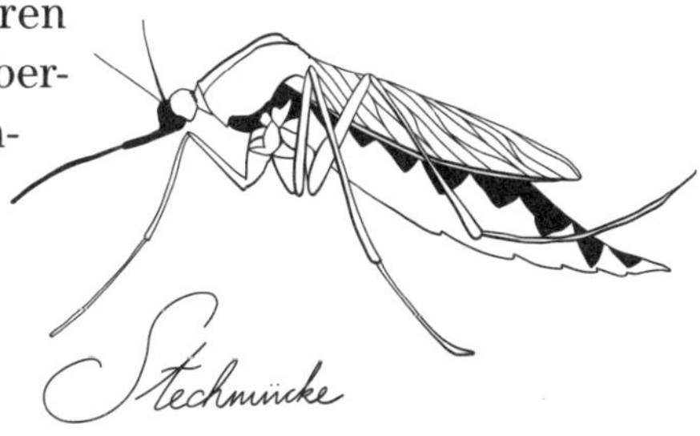

Mein Vater hat mich immer mit seinem mutigen Naturkundeunterricht beeindruckt. Er ließ Mücken auf seinem Arm landen, und ich konnte live beobachten, wie sie ihre Blutmahlzeit einnehmen. Präzise wie ein OP-Roboter beginnen sie ihr Werk: Stechrüssel ausfahren, auf die Haut setzen, eine schöne Stelle ertasten, durchstechen bis aufs Blut. Die Spitze des Rüssels ist wie eine Injektionsspritze angespitzt. Im Rüssel sind zwei Kanäle: Durch den einen spritzt die Mücke ein Antigerinnungsmittel, durch den anderen saugt sie dann den süßen roten Saft, bis ihr Hinterleib rot aufgepumpt ist.

Nach der Blutmahlzeit legen die Weibchen bis zu 200 Eier in sogenannten Schiffchen auf stehendes

Wasser. Da sind Gärten mit ihren Hunderten Regentonnen und Gießkannen ihr Paradies. Die Larven der Mücke ernähren sich dann unter Wasser paddelnd von Algen und Mikroorganismen. Da sie keine Kiemen haben, müssen sie zum Luftholen mit ihren Schnorcheln an die Wasseroberfläche. Da hängen sie dann zu Hunderten, um bei jeder Annäherung blitzartig zuckend abzutauchen. Nach spätestens 20 Tagen sind aus Eiern Larven, aus den Larven Puppen und aus den Puppen Mücken geworden. Die Männchen tanzen dann in Schwärmen; besonders schön ist es in der Abendsonne vom Liegestuhl aus zu beobachten. Sie locken mit ihrem Tanz die Weibchen an, die sich zur Paarung in die Männergang stürzen. Anschließend ist die Blutmahlzeit fällig.

Ich weiß nun, ich habe kein süßes Blut. Die Mücken folgen meiner Kohlendioxidfahne und dem Duftcocktail meiner Haut. Wissenschaftler haben die genaue Zusammensetzung herausgefunden (*Milchsäure*, *Capronsäure*, *Ammoniak*) und setzen sie in Lockfallen ein. In Ländern mit den gefährlichen Mückenarten ist es vielleicht ein probates Mittel, die Todesraten zu senken. Aber was mache ich gegen unsere harmlosen Plagegeister? Ich lasse kein Wasser in Gießkannen oder sonst wo stehen und kontrolliere die Regentonnen, auch schon mal jenseits des Zauns. Zuckt es im Wasser, kann man den Larven und Puppen mit Olivenöl die Luft abdrehen. Gibt aber auch eine Tonnensauerei. Eine biologische Allzweckwaffe ist hier ebenfalls hilfreich: *Bacillus thuringiensis israelensis*, das Bakterium tötet die Larven zuverlässig. Unter dem gleichnamigen Handelsnamen ist es auch erhältlich.

Aber was nützt es, wenn meine und die Tonnen der Nachbarn hinter Zaun und Hecke clean sind? Mücken fliegen ja weit umher, gut zwei Kilometer in der Stunde: »Ich rieche Menschenfleisch, da lass ich mich nieder.« Bei unseren heimischen Mücken führt der Stich zwar nur zu allergischen Reaktionen und Quaddeln, nicht zum Tod. Dennoch übel, wenn Sie die Quaddeln aufkratzen und Bakterien hineinkommen. Gegen den Juckreiz helfen Ammoniakstifte, Salben mit Antihistamin oder ein Wärmestift, der das Protein im Mückenstich zerstört. Besser aber ist es, den surrenden Feind erst gar nicht an sich herankommen zu lassen. Mückenspiralen, -fackeln und -öle duften gut. Ich vertraue allerdings nicht darauf, sondern schmiere mich vor Sonnenuntergang mit einem Mückenschutzmittel (*Repellent*) ein, wenn die Weibchen bluthungrig werden. Es gibt zwei Stoffe, *Icaridin* und DEET, die höchst wirksam sind. Am besten man schaut bei der Stiftung Warentest nach.

Die eindrücklichen Blutmahlzeiten der Mücken auf dem Arm meines Vaters waren ihre letzten. Patsch. Damit war die naturkundliche Vorführung zu Ende. Ihn juckte das nicht.

Ameisen
Formicidae

Der Name Ameise deutet auf »emsig« hin, sie sind arbeitsam und ganz im Unterschied zur Grille aus der Fabel auch vorsorgend und untereinander in ihren Staaten gemeinnützig. Und sie können uns echt anrühren, wenn Sie an den Animationsfilm »Antz – Was krabbelt denn da« denken. Von den etwa 90 Ameisenarten in Deutschland stehen 59 auf der Roten Liste der gefährdeten Arten. Etwa zehn schädliche invasive Arten sollten bekämpft, die etwa 20 nützlichen Arten in Ruhe gelassen werden. Aber wer ist da eigentlich wer?

Die kennt jeder: die beeindruckend große und geschützte Rote Waldameise (*Formica rufa*). Ihre Staaten mit den meterhohen Nestern sind die »Putzkolonnen« des Waldes. Waldameisen werden Sie eher nicht im Garten haben. Dort ist die häufigste Art die Gelbe Wiesen- oder Wegameise (*Lasius flavus*). Ihre Arbeiterinnen sind nur bis 4,5 Millimeter lang, ihre Farbe variiert zwischen zartem Gelb und Braungelb. Ansonsten ist die Unterscheidung und Bestimmung der vielen Arten etwas für Spezialisten. Zum Beispiel für die des »Ameisenwiki«. Da kann man aber auch

lesen: »Fakt ist: Die Bedeutung des Menschen für Natur und Umwelt ist eher eine negative. Fakt ist: Die Bedeutung der Ameisen für Natur und Umwelt ist um ein Vielfaches höher als die des Menschen.« Da möchte man wohl lieber Ameise sein, aber auch seinen Schöpfer kritisieren, dass er es nicht schon am fünften Tag mit den Ameisen gut sein ließ und am sechsten Tag noch einen Adam aus Lehm knetete und aus seiner Rippe Eva schnitzte.

Richtig ist, Ameisen bevölkern die Erde seit mehr als 100 Millionen Jahren mit mittlerweile 9400 identifizierten hoch spezialisierten Arten. Richtig ist, dass Ameisen schon hochkomplexe Staaten mit Schwarmintelligenz gebildet hatten, als der Mensch gerade aufrecht zu gehen lernte. Zoologen machten im »matriarchalischen Kastensystem« der Ameisen die Königin, Soldatinnen und Arbeiterinnen und untätige männliche Drohnen aus. Warum der Mensch auch ein Kastensystem entwickelt hat, wenngleich ein patriarchalisches, und es noch vielerorts herrscht, darüber könnte man ja mal nachdenken. Übrigens haben die Ameisen noch etwas mit uns gemeinsam, auch sie sind Allesfresser (*Omnivoren*). Das kommt uns Gärtnern zugute.

Ameisen sind nicht nur eine »Putzkolonne«, sie sind auch Räuber, Sammler und Hirten. Als *Prädatoren*, als Räuber, halten sie Schadinsekten klein. Als Sammler tragen sie Samen durch die Natur, auf dass es überall wächst und blüht, als Hirten ... Als Hirten mögen wir Gärtner sie nicht sonderlich, denn, wie schon beschrieben, »melken« sie Blatt- und Schildläuse nicht nur, sie hegen, pflegen und verteidigen sie auch noch. Und die kleinen gelben Wiesen- und Wegameisen können uns gemeinerweise beißen und Gift spritzen.

Die Erdhügel der Gartenameisen kennen Sie, ob im Rasen oder auf sandigen Wegen oder unter einem umgestülpten Blumentopf. Die Gänge finden Sie unter Steinen oder sie sind unerreichbar unter Wegplatten. Die Ameisenstraßen führen auf Bäume, Sträucher und bevorzugt zu Rosen mit dem Honigtau der Blattläuse. Aber auch zu Raupen, die die kleinen Jäger vereint töten und verspeisen. Oder sie führen in Ihr Haus. Dann hört der Spaß allerdings auf.

In unserem Garten gehören Ameisen unbedingt zu den Nutztieren. Darüber hinaus sind sie für die Gartenkinder interessante Beobachtungsobjekte. Punkt. Was das Gartenhaus anbelangt, so ist es einfach clean zu halten, keine Speisen herumstehen lassen und Abfälle unzugänglich machen. Und wenn die Ameisen doch im Haus rumlaufen?

Ich will Sie nicht mit den Hausmitteln langweilen, wie dicke Kreidestriche vor der Tür ziehen oder Lorbeerblätter und Lavendel auf die Ameisenstraße oder vor die Tür legen. Was so alles helfen soll, ist zum Beispiel auf der Internetseite des Bayerischen Landesamts für Umwelt zu finden. Wenn all das versagt, probieren Sie es mit einer Köderdose oder Antiameisenpulver. Ist natürlich für die giftig.

Man könnte Ameisennester auch fern des Hauses umsiedeln: Blumentopf aufs Nest; wenn sie sich darin eingerichtet haben, umdrehen und wegtragen. Da

Ameisen aber wie wir Gärtner ein festes Territorium beanspruchen, provozieren Sie damit möglicherweise einen »Völkerkrieg«. So oder so, Garten ist Krieg.

Bienenhotel und Hummelburg

Sie sind unsere Nutztiere für das Süße im Leben: Honigbienen (*Apis*). Wie sehr uns danach verlangt, zeigt eine Höhlenmalerei aus der Nähe von Valencia in Spanien. Dort sieht man: Schon vor gut 12 000 Jahren kletterten Steinzeit-Honigjäger und -jägerinnen auf Bäume, um an das nahrhafte Naschzeug zu kommen. Bienenstich hin, Bienenstich her.

Etwa zwölf staatenbildende Honigbienenarten gibt es. Was jedoch heute weltweit im gewerblichen Bestäubungs- und Honigsammlungsbusiness in die Bienenstöcke ein- und ausfliegt, sind Züchtungen, die auf die Westeuropäische Honigbiene (*Apis mellifera*) zurückgehen. Die Bulletins der Kriegsparteien, die sich mit dem »Bienensterben« durch die *Varroamilben* und *Pestizide* auseinandersetzen, füllen Ordner.

Bienenstiche allerdings beschäftigen uns als Gärtner gelegentlich. Bienen gehören zur Unterordnung der Taillenwespen. Wie die Wespen haben sie einen Wehrstachel. Dieser bleibt aber wegen des Widerhakens samt Giftblase in der Haut stecken. Der Stachel jedoch muss möglichst schnell mit einer Pinzette oder Zeckenkarte entfernt werden. ACHTUNG: Dabei nicht die Giftblase ausdrücken, die an ihm hängt! Ansonsten den Bienenstich wie einen Wespenstich behandeln und Vorsorge tragen. Das Gute ist, eine Biene die sticht, stirbt, sie kann nicht wie eine Wespe mehrmals zustechen.

Die Haltung von Honigbienen ist etwas für ausgebildete Profi- oder auch Hobbyimker. Was uns Gärtner jedoch unmittelbar interessiert, sind die Solitärbienen, die keine Staaten bilden, sondern Einzelgänger sind. Ordentliche Gärtner verputzen unnütze Dübellöcher am Gartenhaus. Ich lass sie offen und habe sogar noch ein paar mehr reingebohrt. Sie werden als Nistlöcher von Mauerbienen genutzt, die sie dann selber ordentlich mit Lehm verputzen. Geradezu wie Haustiere kann man die Rote Mauerbiene (*Osmia bicornis*) und die Gehörnte Mauerbiene (*Osmia cornuta*) halten. Baut man ihnen Nisthilfen, leben sie dort gern in Kolonien.

Es ist jedes Jahr ein Naturschauspiel, wenn Gehörnte Mauerbienen die Nistblöcke aus Bambusröhren an meinem Gerätehaus beziehen und mit Lehm die Nistkammern vermauern. Bis zu zehn Kammern liegen in den Röhren hintereinander, in jede wird ein Ei gelegt und Pollen gebunkert, von dem sich die Brut später ernährt. Als Erstes kriechen dann jedes Jahr im Frühjahr die flüggen Männchen aus den vorderen Kammern und warten auf einem Rendezvousplatz in der Nähe auf die Mädels. Und dann geht der Tanz los und die Sexorgie, die für genetische Vielfalt sorgt. Und das Allerschönste: Die fleißigen Bestäuber tun einem niemals etwas.

In vielen Gärten gibt es heute sogenannte Bienen- oder Insektenhotels, doch die meisten sind gut gemeint, aber schlecht gemacht. Schon der Name ist irreführend, denn wer außer Udo Lindenberg wohnt schon ganzjährig in einem Hotel? Bienenhotels sind Mehrfamilienhäuser, die Generation für Generation von den Solitärbienen als Brutstätten genutzt werden. Spechte gehören auch zu den Gästen. Die Bienen- und Insektenhotels in den Nachbargärten sind alle von Spechten aufgehackt und ausgeräubert. Anstatt die üblichen Modelle im Handel zu kaufen, sollte man vorher besser professionelle Nisthilfen-Ratgeber wie den des Naturschutzbundes Deutschland (NABU) konsultieren oder das bestellen, was auch Profigärtner verwenden. Und sie machen dann auch wirklich Sinn, denn es gibt, so ist zu lesen, eine »unübersehbare gravierende Verarmung der Wildbienen«. Die Hälfte der Bienenarten in Deutschland ist gefährdet, 39 sind schon ausgestorben. Mit ihnen geht nicht nur Vielfalt verloren, Bienen sind auch Topbestäuber in Obstplantagen, Gewächshäusern, freier Natur und Garten. (Man muss ja nicht heraufbeschwören, dass wir Blüten demnächst mit dem Pinsel von Hand bestäuben müssen, damit noch Äpfel und Birnen auf den Tisch kommen, wie dies in einigen Regionen Chinas heute schon geschieht.) Mit Nisthilfen kann man die pelzigen Maurer unterstützen und hat noch dazu die Freude am Naturschauspiel.

Reimt sich eigentlich *Bombus*, wie die Hummel wissenschaftlich heißt, auf Bomber? Jedenfalls kommen sie so schwer und tief brummend angeflogen wie ein Lancaster-Bomber im Zweiten Weltkrieg. Die Hummel allerdings ist friedlich und äußerst nützlich. Die Dunkle Erdhummel (*Bombus terrestris*) ist weltweit sogar die Nummer 1 der kommerziellen Vibrationsbestäuber in Gewächshäusern, weil sie ordentlich Wind machen kann und die Blüten von Selbstbestäubern wie Tomaten und Paprika gehörig durchrüttelt. Sie kommt in unseren Gärten ebenso vor wie die Gartenhummel (*Bombus hortensis*).

Hummeln sind Schlechtwetterflieger, Regen macht ihnen nichts aus, niedrige Temperaturen auch nicht. Sie starten schon ab sechs Grad Celsius, wenn Bienen noch vor Kälte starr sind. Es sind also keine Irren, die man da schon im Januar durch den Garten auf die Winterblüher zufliegen sieht. Nach den Bienenhotels sind jetzt Hummelburgen en masse im Angebot. Ich versuche seit Jahren fachmännisch einen Hummelstaat anzusiedeln. Leider vergeblich.

DIE SCHÖNSTEN GÄRTEN SIND IM KOPF

»Die schönsten Gärten sind im Kopf. Sie brauchen keine Pflege.« Das habe ich mir einmal von einem gewissen E. A. Harding notiert. Und genauso ist es. Wir bepflanzen sie im Geiste und erfreuen uns an den Farben. Im virtuellen Garten herrscht Frieden und kein Krieg. Aber warum zieht es mich dennoch sommers wie winters in den wirklichen Garten? Lesen Sie mal die Genesis:

»Und Gott der HERR pflanzte einen Garten in Eden gegen Osten hin … Und er ließ aufwachsen aus der Erde allerlei Bäume, verlockend anzusehen und gut zu essen. Und er nahm den Menschen und setzte ihn in den Garten Eden, dass er ihn bebaute und bewahrte.«

Aus dem Garten Eden kommen wir, dahin wollen wir zurück. Da uns aber ein »Engel mit flammendem Schwert« die Rückkehr versperrt, versuchen wir, uns unseren Paradiesgarten »im Schweiße unseres Angesichts« selber zu schaffen, und sei er auch nur 300 Quadratmeter groß wie der unsere und »verflucht und voller Dornen und Disteln«. Und wir versuchen es unermüdlich, so lange, bis wir wieder zu Erde werden. »Denn du bist Erde und sollst zu Erde werden.«* Und so lange müssen wir permanenten Krieg im Garten führen, gegen Gottes Unkräuter, gegen Ungeziefer und Schädlinge. Und so lange müssen wir graben, jäten, rechen, mähen. Unablässig, wie Sisyphos aus der griechischen Mythologie, über den Albert Camus schreibt:**

»Die Götter hatten Sisyphos dazu verurteilt, einen Felsenblock unablässig den Berg hinaufzuwälzen, von dessen Gipfel der Stein kraft seines eigenen Gewichts hinunterrollte. Sie meinten nicht ganz ohne Grund, es gäbe keine grausamere Strafe als unnütze und aussichtslose Arbeit.«

Ist nicht auch die Gartenarbeit eine unnütze und aussichtslose Arbeit, um nicht zu sagen, Strafe dafür, dass Adam und Eva vom Baum der Erkenntnis aßen? Aber nein. Hören wir Camus weiter:

»Seine Last findet man immer wieder. Sisyphos lehrt uns die höhere Treue, die die Götter leugnet und Felsen hebt. Auch er findet, dass alles gut ist. Dieses Universum, das nun keinen Herrn mehr kennt, kommt ihm weder unfruchtbar noch wertlos vor. Jedes Gran dieses Steins, jedes mineralische Aufblitzen in diesem in Nacht gehüllten Berg ist eine Welt für sich.«

Ja, auch ein Garten ist eine Welt für sich. Camus schließt mit dem großen Satz: *»Der Kampf gegen*

* Mose Buch 3; 18,19

** Albert Camus: »Der Mythos des Sisyphos«, Rowohlt Verlag: Reinbek 2012

Gipfel vermag ein Menschenherz auszufüllen. Wir müssen uns Sisyphos als einen glücklichen Menschen vorstellen.«

Und den Gärtner und die Gärtnerin auch.

BLUMEN AN …

Carola, die deutsche Bäuerin und Lehrerin in der Normandie, die uns erstmals zum Gartentag in Bingerden mitschleppte und uns für den Vorgarten einen Bepflanzungsplan machte.

Franz und Gabriele, die uns eine Kleingartenwildnis abtraten.

Sanja und Thomas für die gemeinsamen Gartenreisen nach England, Holland, Belgien und dass sie uns immer die Hälfte (oder war es doch mehr?) des Laderaums in ihrem Auto für neue Töpfe, Pflanzen und Werkzeuge überließen.

Axel und Edith für den Tausch von Pflanzen, für Rat und Gartenbesuche.

Luigi, der aus Abbruchbaustellen Pflastersteine, Ziegel und Steinplatten besorgte und Wege und Terrassen gestaltete, und *Sieghard* für schöne Zäune und praktische Gerätehäuser.

Dank an *Heinz,* den Allrounder mit zwei rechten Händen, den Frickler mit ästhetischem Sinn, der so viel half und sich einfallen ließ.

Dank an die netten *Gartennachbarn im Kleingartenverein.* Und unter ihnen ganz besonders die Freunde *Irmgard und Heinrich.* Was nur würden wir ohne euch machen?

Stubbs für seine gute Nase und ansteckende Begeisterung für Bäume und Stöckchen bei jedem Wetter. *Annette und Herbert* belieferten mich mit Hinweisen; *Werner* war der erste ermunternde Leser, dem ich auch den Hinweis auf Sisyphos verdanke.

Nicole Nottelmann rupfte aus diesem Text orthografische und stilistische Unkräuter und machte ihn für den Verlag präsentabel.

Es gibt noch Wunder: Dank an die Verlegerin *Felicitas von Lovenberg*, die mir binnen 24 Stunden mitteilte, »machen wir«, und an die Programmleiterin im Sachbuch, *Anne Stadler*.

Ein Gartenstrauß an *Anja Hänsel* und *Margret Trebbe-Plath* für ihr biologisch-dynamisches Lektorat und an *Martina Frank*, die die feinen veganen und carnalen Illustrationen zeichnete.

Und wer hat mir die Leidenschaft für den Garten in Herz und Sinn gelegt? Meine geliebte *Vera*. Sie mag mir verzeihen, dass ich in unserem kleinen 300-Quadratmeter-Paradies ein Diktator bin, was die Gestaltung anbetrifft.

HILFREICHE BÜCHER UND INTERNETSEITEN

»Im Krieg sind die Irrtümer, welche aus Gutmütigkeit entstehen, gerade die schlimmsten«, stellte Clausewitz fest. Da hilft es, sich mit Wissen und Rat zu wappnen. Meine Bibeln im Kampf für den Erhalt meines Gartenparadieses nenne ich vorab, da sie sonst in jedem Kapitel genannt werden müssten:

Philipp Gut und Moritz Bürki: »Bildatlas Pflanzenschutz an Zier- und Nutzpflanzen: Krankheiten und Schädlinge an Pflanzen erkennen, vorbeugen und richtig behandeln«, Verlag Eugen Ulmer: Stuttgart 2015

Nicht nur unsere Gartennützlinge, auch das ganze Horrorszenario der Krankheiten durch tierische Schädlinge, Pilze, Viren und Bakterien ist in diesem Buch für Profis (!) ebenso wie für Gartenliebhaber mit 700 (!) Fotos dokumentiert. Zudem werden ausführlich alle Mittel und Methoden benannt, mit denen man sich wehren kann. Sehr übersichtliche Listen ordnen den Krankheiten und Schädlingen die in Deutschland und der Schweiz zugelassenen Wirkstoffe zu, die sich allerdings von Monat zu Monat ändern! Das Buch hat seinen Preis, der sich aber auszahlt.

Im Internet zum Identifizieren des Feindes sei die »Diagnose- und Faktendatenbank für Gehölze« der Hochschule Weihenstephan-Triesdorf empfohlen, zu finden unter:

www.arbofux.de

Hier werden 449 Schaderreger, viele mit Fotos, beschrieben sowie die aktuell zugelassenen Pflanzenschutzmittel zum Bekämpfen benannt.

Das Bundesamt für Verbraucherschutz und Lebensmittelsicherheit entscheidet über zugelassene Pflanzenschutzmittel für Haus- und Kleingärten. Informationen dazu finden sich im amtlichen »Pflanzenschutzmittel-Verzeichnis/Teil 7, Haus- und Kleingartenbereich«, unter:

www.bvl.bund.de

Das Verzeichnis gibt es auf dieser Internetseite als kostenlose Onlinedatei oder auf gut 180 PDF-Seiten jährlich neu für alle Anwendungsbereiche mit allen zugelassenen Wirkstoffen samt Dosierungen.

Umwelt- und sachgerechter Pflanzenschutz in Haus- und Kleingarten ist ein gutes Stichwort. Es gibt viele Links dazu, der folgende umfasst erste Informationen zu allem, was man hier wissen sollte, inklusive der zugelassenen Kampfmittel und -stoffe, gleich ob biologisch oder chemisch:

www.ltz-augustenberg.de

Unter dem Stichwort »Kulturpflanzen« findet sich hier eine PDF-Datei namens »Integrierter Pflanzenschutz 2017, Umwelt- und sachgerechter Pflanzenschutz in Haus- und Kleingarten« vom Landwirtschaftlichen Technologiezentrum Augustenberg, Ministerium für Ländlichen Raum und Verbraucherschutz Baden-Württemberg. Dort stehen auch Hinweise auf »Naturstoffe im Pflanzenschutz«.

Und dann eine schnelle und unermessliche Quelle: *Wikipedia.*

Sie bietet umfassende Informationen, oft seitenweise, zu jeder einzelnen Pflanze, zu jedem Tier, jedem Wirkstoff und botanischen Begriff. Die Artikel sind teils als »lesenswert«, manche gar als »exzellent« klassifiziert und alle enthalten weiterführende Hinweise und Links.

Ein Wiki für die grünen Berufe und den Freizeitgartenbau, gefördert vom Bundesministerium für Ernährung, Landwirtschaft und Verbraucherschutz, ist »Das Grüne Lexikon«, zu finden unter:

www.hortipendium.de

Ein äußerst praktikabler Handbuchklassiker fürs Gärtnern – auch wenn die Reim-dich-oder-ich-schlag-dich-Verse darin Geschmackssache sind:

Werner Pötschke und Harry Pötschke: »Gärtner Pötschkes Großes Gartenbuch«, Verlag Gärtner Pötschke: Kaarst 2002

Das Buch der Unkräuter

Handlicher und praktischer als hier geht es nicht:

Carsten Vogelsang und Simone Wind: »Voll im grünen Bereich: Taschenlexikon der (Un-)kräuter«, Westermann Verlag: Berlin 2013

Da finden Sie auf Anhieb fast alles, was Sie nach dem Freund-/Feindschema in Ihrem Garten erkennungsdienstlich behandeln müssen. 43 Unkräuter und ihre Keimlinge (!) können anhand der ganzseitigen Fotos schnell und sicher bestimmt werden. Dazu gibt es ausführliche botanische Beschreibungen, Hinweise auf Vorkommen, Ausbreitung und Wissenswertes in aller Kürze. Manche (Un-)kräuter hätten wegen starker Bekämpfung nur noch eine Zuflucht in Gärten, schreiben die Verfasser. Es ist also auch an Ihnen, für den Erhalt der Biodiversität zu sorgen.

Ob wir es Unkraut oder Wildkraut nennen, botanisch sind es Wildblumen. Gut erkennen und nach der Blütenfarbe schnell bestimmen anhand von exzellenten Farbzeichnungen kann der Gartenfreund und -krieger es mit diesem Klassiker:

Marianne Golte-Bechtle und Roland Spohn: »Was blüht denn da? (Kosmos Naturführer)«, Kosmos Verlag: Stuttgart 2015

Man kann wirklich fast alles, was wurzelt, grünt, blüht und Samen trägt, irgendwie in Salaten, als Gemüse, Tee oder in Essig oder Alkohol verwenden. Logo, denn der Neandertaler hat sicherlich nicht jeden Tag einen Bären erlegt oder eine Forelle gegriffen. Er musste sich mühsam durch die Botanik essen, Rohkost pur. (»Wahres Essen« nennen die Food-Ideologen das heute.) Bei dieser Frage umfassend hilft:

Steffen Fleischhauer, Jürgen Guthmann und Roland Spiegelberger: »Essbare Wildpflanzen. 200 Arten bestimmen und verwenden«, AT Verlag: München 2015

Gibt es auch als App. Mit diesem sehr gut bebilderten Lexikon können Sie jede Wildblume hervorragend bestimmen und erfahren, ob es ein Heilmittel ist oder auch in der Küche verwendet werden kann. Ist aber auch Geschmackssache.

Auch für »Pflanzenliebhaber«, wie es im Vorwort heißt, aber vor allem für Hardcore-Botaniker empfehlenswert ist:

Erich Oberdorfer und Angelika Schwabe: »Pflanzensoziologische Exkursionsflora: Für Deutschland und angrenzende Gebiete«, Verlag Eugen Ulmer: Stuttgart 2001

In diesem Buch ist nun wirklich alles erfasst, was grünt. Schwerpunkt ist nicht die Bestimmung, sondern die Pflanzensoziologie, sprich was wächst wo gerne in welcher Gesellschaft zusammen? Und die Ökologie, sprich auf welchen Böden die Pflanze wächst, welche Lebensbedürfnisse sie hat, welche Nutzanwendung. Zum Beispiel über den »unausrottbaren« Giersch kann man hier erfahren, dass er ein Nährstoff- und Fruchtbarkeitszeiger ist. (Na, danke.) Aber auch, dass das Zipperleinkraut, wie er auch vielsagend genannt wird, zu den Heil- und Wildgemüsen zählt.

»Gegen Unkraut ist kein Mittel gewachsen«, sagt der Volksmund. Doch, sagt der Botaniker. Und der Chemiker allemal. Es gibt viele konkurrierende Präparate diverser Firmen zu sehr unterschiedlichen Preisen. Da ergibt es Sinn, die Wirkstoffe zu kennen. (Und auch hier sei Wikipedia empfohlen, das meist nicht nur über Wirkstoffe, sondern auch über Risiken und Nebenwirkungen informiert.) So können Sie auch Anbieter und ihre Preise vergleichen. Preiswertere Großpackungen gibt es übrigens auch für »nicht berufliche Anwender«. Informationen zu natürlichen und chemischen Kampfmitteln für Landwirtschaft und Gartenbau finden Sie beispielsweise bei den Unkrautsteckbriefen auf der Internetseite der Bayerischen Landesanstalt für Landwirtschaft:

www.lfl.bayern.de

Das Buch der Schädlinge und ihrer Feinde

Das Buch des Ungeziefers

Die größten Feinde und wichtigsten Verbündeten erkennt man bestens mit diesem Buch:

Rainer Berling: »Schädlinge und Nützlinge im Garten«, BLV Verlag: München 2017

Der Gartenbau-Diplomingenieur Berling benennt alle mechanischen und ökologischen Methoden der Bekämpfung und des vorbeugenden Schutzes. Besonders hier: Er informiert über käufliche Nützlinge und die Bezugsquellen der Söldnertruppen.

Bei der schnellen Erkennung von Freund und Feind im Garten helfen zudem die ebenso künstlerischen wie aussagekräftigen Farblithografien des Freiherrn Heinrich von Schilling vom Ende des 19. Jahrhunderts:

Bayerischer Landesverband für Gartenbau und Landespflege e. V. (Hg.): »Gartennützlinge – Gartenschädlinge«, Obst- und Gartenbauverlag: München 1985

Wem das nicht reicht, der ist mit dem »Feldführer der europäischen Insekten« gut bedient. Mit ihm kann man von den mehr als einer Million beschriebenen und benannten Arten Europas immerhin 2390 nach farbigen Abbildungen bestimmen:

Michael Chinery: »Pareys Buch der Insekten. Ein Feldführer der europäischen Insekten«, Kosmos Verlag: Stuttgart 1993

Der Buchsbaumzünsler, der die jahrhundertealte Buchsbaumkultur bedroht, verdient ein eigenes hilfreiches Buch:

Heinrich Beltz: »Gesunder Buchsbaum. Krankheiten und Schädlinge erkennen und erfolgreich behandeln«, Verlag Eugen Ulmer: Stuttgart 2014

Im Internet findet sich bei der Landwirtschaftskammer Niedersachsen eine Beschreibung und ein Merkblatt unter dem Stichwort »Buchsbaumzünsler«: *www.lwk-niedersachsen.de*

Das Buch der Pilzkrankheiten

Da nicht nur der Zünsler, sondern auch Pilze zu den Todfeinden des Buchs gehören, ist man auch hier bestens beraten mit:

Heinrich Beltz: »Gesunder Buchsbaum. Krankheiten und Schädlinge erkennen und erfolgreich behandeln«, Verlag Eugen Ulmer: Stuttgart 2014

Im Internet findet man bei der Landwirtschaftskammer Niedersachsen eine Beschreibung und ein Merkblatt unter dem Stichwort »Blattfallkrankheit«:
www.lwk-niedersachsen.de

Das Buch der Plagegeister

Da mit Borreliose und Frühsommer-Meningoenzephalitis (FSME) nicht zu spaßen ist, seien hier hilfreiche Internetseiten angegeben:
www.zecken.de

Die amtliche Seite vom Robert-Koch-Institut ist:
www.rki.de

Hier findet man alles zu Borreliose und FSME, auch eine Karte der Risikogebiete.

Zu den Hautflüglern zählen nicht nur Plagegeister wie die Deutsche und die Gemeine Wespe, sondern auch Nutztiere wie die Honigbienen, Hummeln und sonstige Wespen, ohne die in unseren Gärten und den Gewächshäusern dieser Welt nichts fruchten würde.

Heiko Bellmann: »Bienen, Wespen, Ameisen. Staatenbildende Insekten Mitteleuropas«, Kosmos Verlag: Stuttgart 2017

130 Arten und ihre Lebensweisen sind beschrieben, mit vielen Zeichnungen und 340 Farbfotos.

Eine sehr gute Website zu diesem Thema ist die des Biologen Paul Westrich, auf der er reichlich Informationen und Hilfen zur Bestimmung der Arten liefert:
www.wildbienen.info

Wie man Nistplätze richtig anlegt – Stichwort Bienenhotels –, was mit Nestern zu tun und zu lassen ist und wie man Stiche behandelt, dazu seien wie immer die Seiten des Naturschutzbundes Deutschland (NABU) empfohlen:
www.nabu.de

Wer Ameisen bestimmen und sich über sie informieren möchte, kann sich umsehen bei:
www.ameisenwiki.de

Zum Schluss seien noch meine Lieblings-Gartenbücher genannt:

Jakob Augstein: »Die Tage des Gärtners. Vom Glück, im Freien zu sein«, Hanser Verlag: München 2016

Kat Menschik: »Der goldene Grubber. Von großen Momenten und kleinen Niederlagen im Gartenjahr«, Verlag Galiani: Berlin 2014

Monty Don: »Genial gärtnern. Biologisch und naturnah«, Dorling Kindersley Verlag: München 2011

Das A bis Z der Pflanzen, die morden, verstümmeln, betäuben und uns anderweitig ärgern

Amy Stewart

Gemeine Gewächse

Das A bis Z der Pflanzen, die morden, verstümmeln, berauschen und uns anderweitig ärgern

Aus dem amerikanischen Englisch von Stephan Pauli

Piper Taschenbuch, 304 Seiten
€ 12,00 [D], € 12,40 [A]*
ISBN 978-3-492-31357-5

Ein Baum, der Giftpfeilen abfeuert. Ein leuchtend roter Samen, der den Herzschlag stoppt. Ein Strauch, der unerträgliche Schmerzen verursacht, eine Kletterpflanze, die berauscht, ein Blatt, das einen Krieg auslöst. Dieses Buch hält alle wichtigen Informationen zu den fiesesten Pflanzen, den bösesten Blumen und gemeinsten Gewächsen bereit: Sie lauern nicht nur in fernen Ländern, sondern direkt in unseren Vorgärten und Wohnzimmern. Amy Stewart erzählt uns von diesen botanischen Teufeleien und gleichzeitig aus Geschichte, Literatur, Politik und Sage.

Leseproben, E-Books und mehr unter www.piper.de